# 1時間でわかる
# Web（ウェブ）ライティング

ふくだたみこ、さかたみちこ 著
（株式会社グリーゼ）

技術評論社

## 本書について

「文章の書き方（ライティング）」について、学校で習ったことはありますか？

学校で教えてくれたことは、文章を書くことよりも、文章の読解力がメインだったかもしれません。

インターネットが普及し、誰もが自由に情報発信できる環境を手に入れた今、「書く力」「伝える力」は、誰もが身に付けなければな

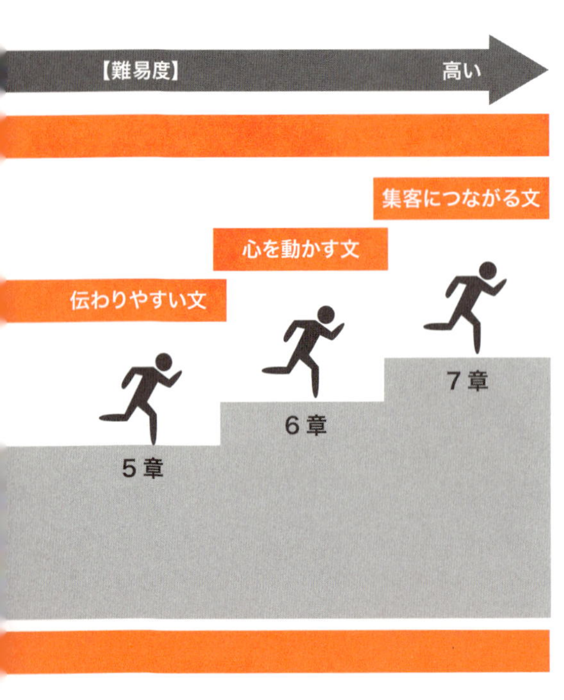

らない、重要なスキルとして注目されています。
ライティングに関するテクニックやコツは、たくさんあります。「ちょっとしたコツ」を取り入れるだけで、あなたの文章は、劇的に変わります。
ぜひ本書を手に取り、カフェで1時間、ライティングを学ぶ時間を過ごしていただけたら嬉しいです。

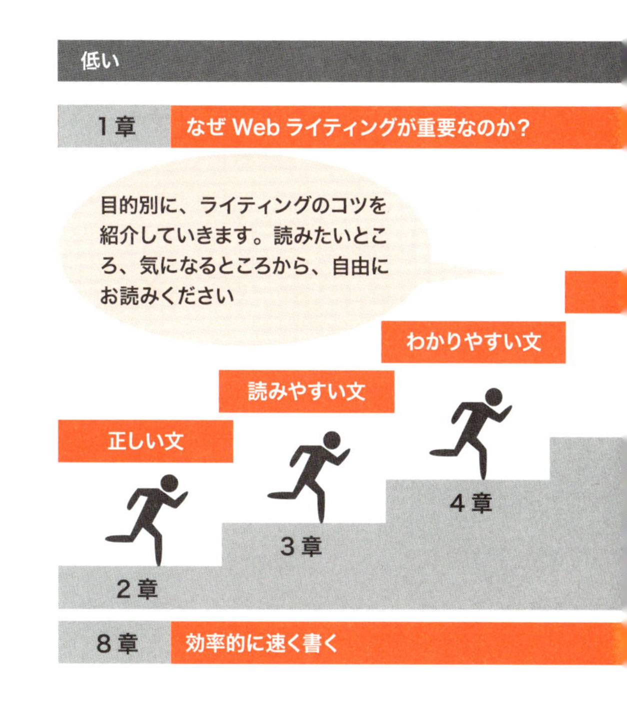

# 目次

## 1章 なぜWebライティングが重要なのか？



## 2章 正しい文を書く

# 3章 読みやすい文を書く

# 4章 わかりやすい文を書く

## 5章 伝わりやすい文を書く



## 6章 心を動かす文を書く

## 7章 集客につながる文を書く

## 8章 効率的に速く書く

［免責］

本書に記載された内容は、情報の提供のみを目的としています。したがって、本書を用いた運用は、必ずお客様自身の責任と判断によって行ってください。これらの情報の運用の結果について、技術評論社および著者はいかなる責任も負いません。
本書記載の情報は、2018年10月末日現在のものを掲載していますので、ご利用時には、変更されている場合もあります。
また、本書はWindows 10を使って作成されており、2018年10月末日現在での最新バージョンを元にしています。ソフトウェアはバージョンアップされる場合があり、本書での説明とは機能内容や画面図などが異なってしまうこともあり得ます。本書ご購入の前に、必ずバージョン番号をご確認ください。OSのバージョンが異なることを理由とする、本書の返本、交換および返金には応じられませんので、あらかじめご了承ください。
以上の注意事項をご承諾いただいた上で、本書をご利用願います。これらの注意事項に関わる理由に基づく、返金、返本を含む、あらゆる対処を、技術評論社および著者は行いません。あらかじめ、ご承知おきください。

［商標・登録商標について］

本書に記載した会社名、プログラム名、システム名などは、米国およびその他の国における登録商標または商標です。本文中では™、Ⓡマークは明記しておりません。

# 1章

# なぜWebライティングが重要なのか？

SECTION
01

# 日本全国総ライター時代

基本

## Webライティングのスキルが必須になった

なぜ、Webライティングが重要なのか?

それは、**「日本全国総ライター時代になったから」**だろう。インターネットが普及し、スマートフォンやタブレットも当たり前の時代。フェイスブックやツイッターなどのSNSの利用者も急増している。**インターネットを通じて情報発信する**人も多くなった。

ビジネスシーンでも同様だ。メールを書く、提案書を書く、議事録を書く、商品ページの原稿を書くなど、日々、文章を書くという仕事が発生する。ビジネスにおいて「ライティング」が欠かせない仕事になった。つまり、**「ライティングテクニック」を習得することは、ビジネスのスキルアップに直結**するのだ。

本書では、Webライティングをマスターしてもらうために、最初に「Webメディアの特性」を説明する。まずは14ページから19ページで解説する、3つの特性を知って欲しい。

## 日本全国総ライター時代

Webメディアを使って情報発信している人も
Webメディアを活用した仕事をしている企業も
Webを活用しない仕事の現場でも・・・

「ライティング力」が不可欠！

企画書、営業資料、
提案書を作るのが
自分の仕事です

毎日ブログで
情報発信しています

プレスリリースを
書いたり、会社の
SNSで情報発信したり！
書くことが広報の私の
メインの仕事！

SECTION 02

# Webメディアの特性

基本

## 特性その1　検索されるメディア

インターネットで何かを探すとき、ほとんどの場合、スタートは「検索」である。ハワイの観光スポットを探そう思えば、「ハワイ　観光」や「ハワイ　インスタ映え」などと検索するだろう。いい換えると、どんなに素晴らしいWebサイトがあっても、検索で見つけてもらえなければ、そのWebサイトは存在しないのと同じといっても過言ではない。それほど**「検索ユーザーと出会うこと」は重要**である。

検索して見つけてもらうためには、検索結果が表示されるページで、自身のWebサイトが上位に掲載される必要がある。この対策をすることをSEOと呼ぶ。SEOにおいて「ライティング」は非常に重要な役割を担っている。**ライティングを制する者が、SEOを制する**といえるのだ。インターネットで情報発信する場合、「検索されるか」を意識することが大切だ。詳しくは第7章で解説する。

## 検索されるメディア

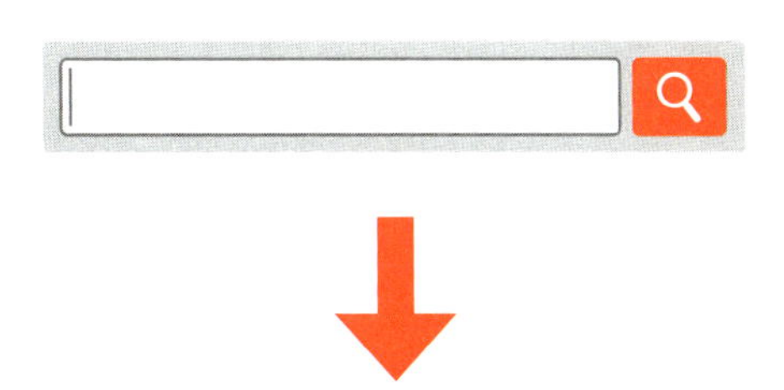

お盆休み　旅行

すべて　ニュース　画像　地図　動画

約 14,200,000 件 （0.35 秒）

夏のおすすめ！夏休み・お盆休み旅行特集2018【るるぶトラベル】
https://rurubu.travel/season/summer/
夏休み・**お盆休み旅行**におすすめスポット盛りだくさん！人気ランキングもご紹介。カップル、家族、友達と思いっきり夏の**旅行**を楽しそう！｜国内**旅行**・ホテル宿泊予約は【るるぶトラベル】
夏休みに泊まれる宿・ホテル　カップル旅行におすすめ！　避暑地　プール付きホテル

夏休み・お盆休みの旅行特集2018｜トップページ【楽天トラベル】
https://travel.rakuten.co.jp/special/summer/
夏休みや**お盆休み**の宿泊・**旅行**予約は、楽天トラベルの「夏休み特集 2018」をチェック！！温泉や家族向けホテル、海・海水浴場に近い宿、ペットと泊まれる宿など、豊富なプランをご用意しております。お早目にご予約ください！

お盆休み旅行2018！夏休みにおすすめのホテル・温泉宿が安い！【H.I....
https://www.his-vacation.com/theme/date/aug/
最安値で**お盆休み**・夏休み**旅行**を予約！人気の8月11日、8月13日などお**盆休み**・夏休みに安く泊まれる温泉宿・ホテル・ツアーが満載！国内の穴場情報、涼しく過ごせるおすすめの**旅行**先も！楽天、JTBなどおすすめの27社から、夏休み宿泊プランの最安値を ...

【2018年版】お盆休みで行く！国内旅先人気スポット10選 - トラベルジ...
https://www.travel.co.jp › 旅行ガイド › まとめ
2018/07/31 - あご湾の島々の間を縫うように巡る"賢島エスパーニャクルーズ"は、まるで南スペインのリゾートに来ているかのような気分に。海風と潮の香りを感じながらの美しいあご湾の周遊は気分爽

検索結果のページで、上位に表示されることが大事

上位表示されるため（SEO）には、ライティングが重要な役割を担う

## 特性その2　一瞬で嫌われるメディア

Webメディアは検索されるメディアなので、検索結果のページで上位表示されれば、多くの訪問者を集めることが可能だ。

しかし、せっかく訪問してくれたユーザーも、最初に目にしたページの印象によっては、**すぐに離脱してしまう可能性**もある。つまりWebメディアは「一瞬で嫌われるメディアである」ともいえるのだ。

あなた自身、検索してたどり着いたページなのに、ひと目見た瞬間に何か違うと感じて、じっくりそのページを読まないままサイトを閉じたという経験があるだろう。手軽に出会えるからこそ、簡単に離れてしまうのもWebメディアの特性である。

一瞬で嫌われないようにするには、**最初に表示される「ファーストビュー」をどう使うかが重要**だ。パッと見てユーザーに気に入ってもらって、下にスクロールをしてもらうためにも、**ファーストビューにどんなメッセージを書くか**を吟味しなければならない。この点も、Webライティングが重要な理由である。

## 一瞬で嫌われるメディア

最初に見える部分が「ファーストビュー」

この部分だけを見て嫌われてしまっては、
その後スクロールした先にどれだけよいことが
書いてあっても意味がない

SUMMARY

- ファーストビューは大事
- 第一印象で好かれるためのライティングテクニックは第３章で解説

## 特性その3　縦スクロールのメディア

Ｗｅｂメディアで文章を読み進めるためには、スクロールしていく必要がある。リンクで別ページに移動することもあるが、ページ単位で考えると、**Ｗｅｂメディアは「縦スクロールのメディア」**だといえる。

ユーザーが縦にスクロールしながら理解を深めていき、商品ページであれば購入ボタンまで誘導していくことが大切だ。途中で離脱されないためには**「ユーザーが求めていることは何か？」を考え、ユーザーの心理に沿った文章展開**が求められる。つまり書き手側で「こういうふうに読ませよう」とあらかじめ設計することが必須となる。

一方で本や雑誌などの紙メディアには「上から順に読んでいく」という法則はない。雑誌なら「気になるページから読む」という人もいるし、「気になるところだけを読む」という人もいるだろう。

つまり、**どこから読むかは読み手にゆだねられている**のだ。Ｗｅｂメディアで文章を書く場合は、紙メディアとの違いにも配慮しなければならない。

## 縦スクロールされるメディア

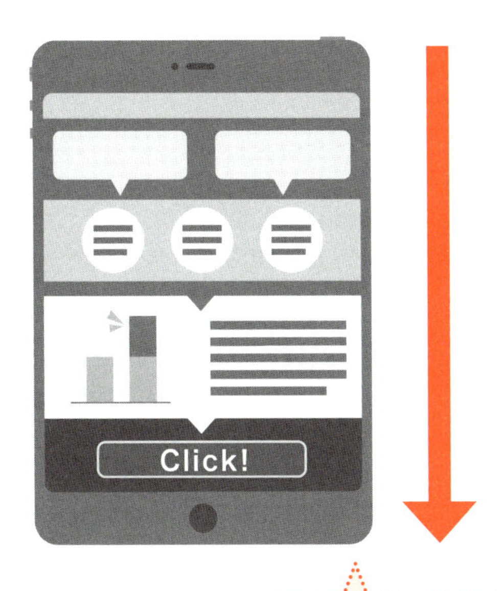


上から順番に読まれる

**SUMMARY**

- ストーリー立ててライティングしておかないと、最後まで読み進めてもらえない！
- Webライティングは構成が大事（詳細は第5・6章）

COLUMN

## Webライティングが売上に直結する

インターネットが一般化した昨今。人は何かを購入する際「まず検索をする」というケースが増えている。「キーワードを入力して商品を探す」「どの商品がよいか比較検討したい」というだけでなく、実店舗で買う場合でさえ、あらかじめインターネットで商品を確認する。「詳しい説明を読みたい」「価格を比較したい」「口コミを見たい」など、目的はさまざまである。Webサイトでうまく説明できれば、インターネット経由での購入に直結する。

これはBtoCだけではなく、BtoBも同様だ。企業でも、必要なサービスはインターネットで検索する。複数のサービスを比較し、ある程度気持ちを固めてから、営業担当と面談するというパターンが一般化しているのだ。逆にいえば、Web文章がうまく書けていなければ商談にも呼んでもらえない。

BtoC、BtoBに限らず、Webライティングが売上に直結するということを覚えておこう。

# 2章

# 正しい文を書く

SECTION 03

# なぜ「正しい文を書く」ことが大切なのか?

必読

## ライターの基本と心得よう

正しい文とは、次の3つの側面を持つ。

### (1)情報が「正確である」(正確な情報を伝えよう)

インターネット上には、正しい情報もあれば、偽りの情報も多い。プロのライターとしては、正しい情報だけを発信していくべきだ。

### (2)書き方が「正しい」(正しい日本語を使おう)

例えば「私は営業会議に出れます」「魚介類を食べれるお店」などの「ら抜き言葉」は、正しい日本語とはいえない。個人のSNSなどでは問題ないかもしれないが、ビジネス文書では気を付けたい。

### (3)情報の取り扱い方が「正しい」(著作権など、情報を正しく取り扱おう)

創作物には著作権があるので、勝手にコピー&ペーストして利用してはいけない。取り扱ってよい情報だけを、正しい取り扱い方で掲載することもライターの仕事なのだ。

## ライターとして「基本のキ」

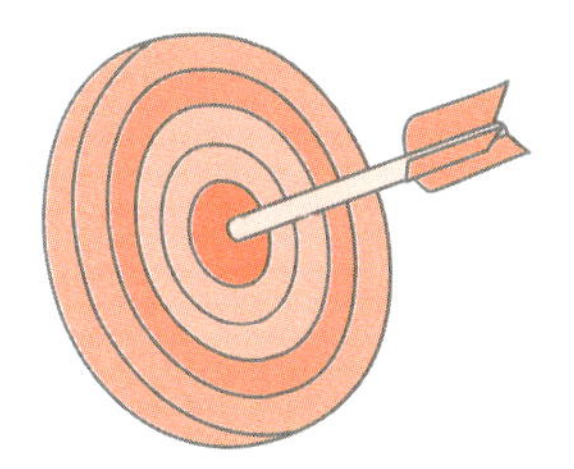
情報が「正確」か

情報の取り扱い方が「正しい」か

日本語として「正しい」か
日本語
にほんご
あかさたな
はまやらわをん

正しい文章を書くことは、
ライターとして
基本中の基本！

SECTION 04

# 情報ソースの正確性を見極める

必読

## インターネットで情報収集することの危険性

Ｗｅｂコンテンツを制作する際に情報収集は欠かせない。その際、もっとも簡単な方法としてインターネットで情報収集する人も多いだろう。しかしインターネット情報には、大きな落とし穴がある。多くの方がご存じのとおり、**「インターネット上の文章は、必ずしも正しいとは限らない」**からである。

インターネット上の情報には、次の３つの問題点がある。

- 誰が書いたものかわからない
- 上書き更新された情報も多い
- いつ更新された情報なのかわかりにくい

**原稿執筆の際は、クライアントから資料を提供してもらうか直接話を聞く**などして、インターネット情報に頼らないリサーチを心がけよう。左ページでは、おすすめの情報収集の方法を紹介する。

## オリジナルコンテンツを作成するための情報収集術

| | |
|---|---|
| 専門家に聞く | 医師、弁護士、ファイナンシャルプランナーなど、その道の専門家から情報を得よう。必ずしも外部から探す必要はない。会社内に専門家がいる場合は、その人からヒアリングしてもよいだろう |
| インタビューを行う | 人から話を聞くというのはオリジナルな情報収集として有効な方法だ。誰に聞くかは、どんなコンテンツを作りたいかで変わってくるが、「お客様」「社内スタッフ」など、インタビュー対象者は身近な存在でもかまわない |
| アンケートを取る | アンケートを利用するのも、オリジナルの情報として最適である。自社でお客様に対して行うアンケートでもよいし、調査会社に依頼してもよい |
| ヒアリングシートの活用 | インタビューというと対面で行うものが主流だが、時間やコストを考えた際、ヒアリングシートを作ってそれに答えてもらうという方法もある |

**SUMMARY**

- インターネット上の文章は、必ずしも正しいとは限らない
- 原稿執筆の際は、クライアントから資料を提供してもらうか直接話を聞く

SECTION 05

# 正しい日本語を使う

必読

## 無意識に使う言葉が不適切？

言葉の使い方や表現方法を間違った文章が、インターネット上には意外とあふれている。例えば、「話し言葉（口語）」と「書き言葉（文語）」の使い分けは正しくできているだろうか？　メールやSNSの広まりによって、「話し言葉のまま文章を書く」ことが増えており、知らず知らずのうちに「話し言葉」を使って文章を書いている人も多い。

メディアによって「話し言葉」と「書き言葉」を使い分けることが大切だ。

**敬語や差別用語の使い方**にも注意が必要だ。差別用語というと強く聞こえるかもしれないが、ひと昔前に使われていた言葉が、現在は不適切な場合もある。例えば「父兄（×）」→「保護者（○）」、「痴呆症（×）」→「認知症（○）」などである。日頃から、注意したほうがよいだろう。

## 「話し言葉」と「書き言葉」の違い

今、新商品の売り上げが
どんどん伸びています。
ぜひ御社でも、お取り扱いを
ご検討ください。


話し言葉としては OK だが、書き言葉にすると違和感がある。
書き言葉にする場合、

**現在、新商品の売り上げが急速に伸びています。**
**ぜひ御社でも、お取り扱いをご検討ください。**

とするのが妥当である

SECTION 06

# 著作権のルールを守る

必読

## Webサイト上のコンテンツにも著作権が！

著作権とは、あらゆる著作物に対し著作者の権利を守る法律のことだ。対象となる著作物といえば、小説・音楽・美術・映画・コンピュータープログラムなどを思い浮かべるかもしれないが、Webサイト上のコンテンツ類にも著作権はある。

文化庁のサイトでは著作物について次のように書かれている。

**（1）「思想又は感情」を表現したものであること→単なるデータが除外**
**（2）思想又は感情を「表現したもの」であること→アイデアなどが除外**
**（3）思想又は感情を「創作的」に表現したものであること→他人の作品の単なる模倣が除外**
**（4）「文芸、学術、美術又は音楽の範囲」に属するものであること→工業製品などが除外**

つまり**あらゆるものが著作物の対象になる**ことを知っておこう。

第三者が、著作者の許可なく著作物を利用することは、基本的にはできない。利用したい場合は、左ページの引用のルールを守ろう。

## 意外と知らない引用ルール



「著作物」を自由に使える場合、
通常は「私的使用」や
「図書館などにおける複製」であるが、
ライターが覚えておくべきは
「引用」だ。そして、「引用」には
以下の注意事項があるので覚えておこう

| | |
|---|---|
| 必然性 | 他人の著作物を引用する必然性があること |
| 区別 | かぎ括弧を付けるなど，自分の著作物と引用部分とが区別されていること |
| 主従関係 | 自分の著作物と引用する著作物との主従関係が明確であること（自分の著作物が主体） |
| 出所 | 出所の明示がなされていること |

●文化庁「著作物が自由に使える場合」参照
http://www.bunka.go.jp/seisaku/chosakuken/seidokaisetsu/gaiyo/chosakubutsu_jiyu.html

SECTION 07

# 誤字・脱字チェック（校正）を徹底する

必読

## 誤字・脱字が信用を失う

正しい文を書く上で大切なことのひとつは、「誤字・脱字」などの基本的なミスを犯さないことだ。いくらよい文章であっても、「誤字・脱字」が多いと気になって読み進められなかったり、文章自体に信用性がないと感じられてしまったりする。

**校正と呼ばれる誤字・脱字チェックを徹底**して、文章の信用性を上げよう。そのためには、次の3ステップを踏みながらチェックすることをおすすめする。

**(1) 声に出して読んでみる**
**(2) プリントアウトしてチェックする**
**(3) 時間を空けてから再度チェックする**

いったん書いた文章を、同じ状態でチェックすると、チェックもれしやすくなる。「声に出す」「プリントアウトする」「時間を空ける」など、頭を切り替えて文章と対峙することで、校正を徹底するようにしよう。

## ツールを活用して校正を強化!

●無料のツール「Word」

Wordは、誤字脱字や表記のゆれなどをチェックしてくれる機能が付いている。「Word2016」の場合、「校閲」→「チェック実行」を押すと、間違いを指摘してくれる

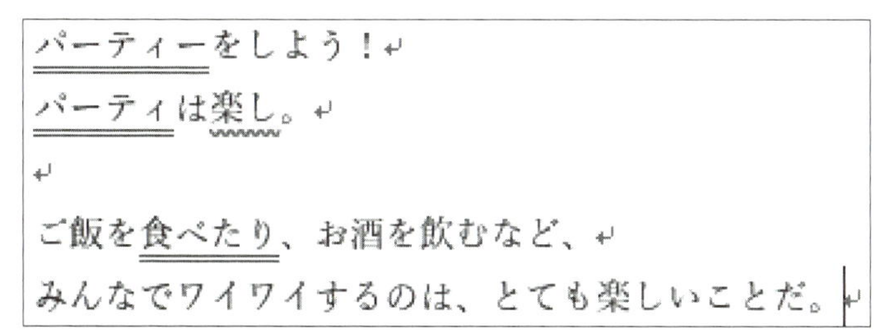

パーティーをしよう！
パーティは楽し。
ご飯を食べたり、お酒を飲むなど、
みんなでワイワイするのは、とても楽しいことだ。

※上記のように、間違いを下線で示してくれる

| 修正点(C) | | 4 |
|---|---|---|
| 1 | 誤りのチェック | |
| 0 | 表記の基準 | ✓ |
| 2 | 表記の揺れ | |
| 1 | 表現の推敲 | |

※チェック結果として、修正点の数も表示される

SECTION 08

# 自分自身の表記ルールを作る

必読

## 文章の精度を保つために

正しい文を書くために、「表記ルール」を作っておこう。

仕事として受けた場合、**依頼ごとに表記ルールが決められている**ことが多いだろう。しかし中には、あらかじめルールは決まっておらず、サンプル文章を渡され「これに沿って書く」など、漠然とした説明のみで書き進めなければならないこともある。そんなときは、**サンプルを参考に表記ルールを作成**しておこう。表記ルールがあれば、迷うことなくライティングに集中できる。もし表記について問い合わせがあっても、「こういうルールで書いている」ということを示すことができるので、相手からの信頼度もアップする。

表記ルールができれば「チェックリスト」を作ることは容易だ。左ページのように、基本的な確認事項を含め、自分なりのチェックリストを作って、原稿チェックを実施しよう。

## チェックリストを作ろう

| チェックリスト | | | | |
|---|---|---|---|---|
| | | 1稿 | 2稿 | 最終稿 |
| 1 | 情報源は確かか | ○ | | |
| 2 | 正しい日本語を使っているか | ○ | | |
| 3 | 差別用語を使っていないか | ○ | | |
| 4 | 表記ゆれはないか | ○ | | |
| 5 | 誤字脱字はないか | ○ | | |
| 6 | 「お客様」→「お客さま」で統一 | ○ | | |
| 7 | 「可愛い」→「かわいい」で統一 | ○ | | |
| 8 | 「綺麗」→「きれい」で統一 | ○ | | |

・チェックリストの基本部分は、例えば「情報源は確かか」「正しい日本語を使っているか」など、正しい文章にするためのルールを書いておく

・6番以降はカスタマイズした例で、媒体ごとのルールを入れていけばよい

・右には「1稿」「2稿」など、チェックできるような枠を入れておく。プリントアウトして、校正時のチェックリストとして活用すれば、自分自身の文章の精度を保つことができる

## COLUMN

# 記者ハンドブックのすすめ

正しい文を書くために役立つのが、共同通信社が発行している新聞用字用語集「記者ハンドブック」だ。定期的に改版されており、2016年3月に発行された13版が最新版だ（2018年11月現在）。

「用字用語集」には、漢字表記、ひらがな表記どちらが適切かなど、細かいルール設定がされており、あいうえお順に並べてあるので辞書のように使うことができる。「記事のフォーム」の項目では、迷いがちな数字の書き方などもルール化されており参考になる。

ただし「新聞用字用語集」という前提なので、Webサイトでは適切ではないのでは？と思うルールもあるだろう。そういった場合は、独自のルールを作って「チェックリスト」に書いておけばよい。困ったときの指標になるので、1冊持っておくことをおすすめする。

# 3章

# 読みやすい文を書く

SECTION 09

必読

# なぜ「読みやすい文を書く」ことが大切なのか？

## 第一印象で好かれる文

「探しているページはここだ、と期待してたどり着いたのに、ページを見てすぐに離脱した」こんな経験はないだろうか？　ページのデザインや配色が原因で離脱するケースもあるが、文章によって離脱することも多い。

・大量の文章がずらりと並んでいて、読む気が失せた
・初めて見る用語（カタカナ略語）が多く、頭に入ってこなかった
・単調な文が続き、読みにくかった

**第一印象で嫌われてしまうと、瞬時に離脱され**、先を読み進めてもらうことができない。人と人との出会いと同じことだ。**第一印象で好かれるレイアウト、見やすさの工夫**をするように心がけよう。

第3章では「読みやすく書く〜第一印象で好かれる」をテーマに、6つのライティングテクニックを紹介する。

## 第一印象が大事!

人と人とのコミュニケーションも、第一印象が大事！
第一印象が悪いと、次のコミュニケーションに進めない

Web サイトも同様
第一印象が悪いと、離脱されてしまう
次のコミュニケーション（スクロール）に進んでもらう
ために、第一印象のよい Web サイトを作ろう

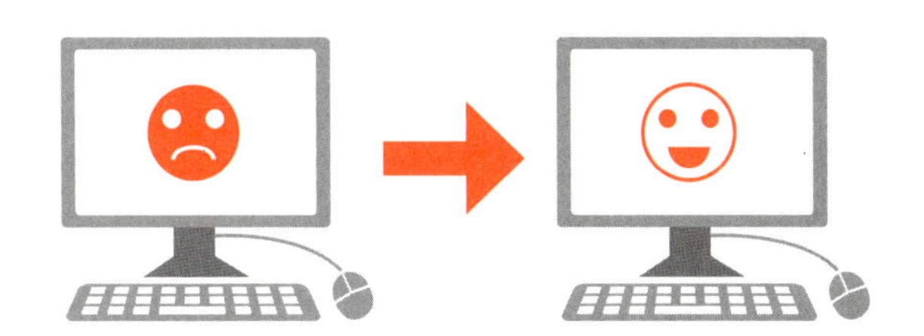

SECTION 10

# 空白行を入れる

必読

## 余白を増やしてスッキリしたレイアウトへ

Ｗｅｂコンテンツは文章の内容も大事だが、見た目も大事である。パッと見て文章が詰まっているのを見ただけで、読む気がそがれてしまうことがある。基本的に、読み手にとってＷｅｂコンテンツは「気軽に見られるもの」という意識があるからだ。

長い文章を載せる場合は、**空白行を入れて見た目の圧迫感を抑制しよう**。ただし、長い文章に「適当に空白行を入れればよい」というわけではない。例えば一文ごとに空白行を入れた場合、空白が多すぎて間延びしてしまう。**空白行を入れるポイントは「話題（テーマ）が切り替わるところ」**と覚えておこう。

文章を書くときは「話題（テーマ）」ごとに、１つのパラグラフ（段落）を作ろう。パラグラフとパラグラフの間に空白行を入れて**余白率を増やすだけで、読者にとって「読みやすい印象」を与えることができる**のだ。

## 余白を増やして読みやすい印象を与える

Before

空白行がない文
大量の文章がずらりと並んでいると読む気がしなくなる

外国人にも人気！
京都の観光名所その魅力
京都で人気の神社仏閣を３カ所、ご紹介しましょう。人気なのは伏見稲荷大社です。人気の秘密は千本鳥居で、朱色の鳥居がずらりと並ぶその姿は壮観で、観光客から熱い視線を集めているようです。インスタ映えという意味でも、人気なのでしょう。

After

空白行を入れた文
余白行を増やすと第一印象がよくなる

SECTION 11

# 見出し・小見出しを入れる

必読

## メリハリを作り、概要を簡潔に伝える

「読者はそもそも、Ｗｅｂの文章を最初から最後まで読もうとは思っていない」と考えたほうが賢明だ。気になるところを飛ばし読み、何か自分の中でひっかかるところがあれば、そこだけをさらに読み進もうと思うものだ。

その「ひっかかり」は文章の場合、**「見出し」「小見出し」になる。「見出し」「小見出し」を入れると、第一印象がよくなり、さらに読みやすさも向上**する。

「見出し」はその文章全体のタイトルにあたる部分だ。その文章で**何を伝えたいのかを要約**して書く。「小見出し」はさらに文章を区切って、各パラグラフに何が書いてあるのかを伝える部分になる。

見出しと小見出しは、本文よりも目立つように文字の大きさを変えたり、太字にしたりして工夫しよう。読者は**見出しだけを見て、文章全体に何が書いてあるかを把握**することができる。

## 見出しを入れてメリハリを作る

Before

京都で人気の神社仏閣を３カ所、ご紹介しましょう。
外国人に特に人気なのは伏見稲荷大社です。
人気の秘密は千本鳥居で、朱色の鳥居がずらりと並ぶ
その姿は壮観で、観光客から熱い視線を集めてい
うです。インスタ映えという意味でも、人気なのでしょ
う。
見出しがない文
全体が同じトーンで
書かれていて
メリハリがない

After

見出し
外国人にも人気！
京都の観光名所その魅力
京都で人気の神社仏閣を３カ所、ご紹介しましょう。
1）外国人人気 No.1「伏見稲荷大社」
外国人に特に人気なのは伏見稲荷大社です。人気の
密は千本鳥居で、朱色の鳥居がずらりと並ぶその姿は
壮観で、観光客から熱い視線を集めているようです。
見出しを入れた文
レイアウトにメリハリ
があり、見出しを見
れば概要がつかめる
小見出し

SECTION 12

# 目次を入れる

必読

## 最初に全体像を伝える

1つのページにたくさんの情報を載せる場合、ページの上の方に目次を入れよう。目次を見れば**「そのページに何が書かれているか」の大枠をつかむ**ことができる。

40ページでは、見出しを付けるという説明をしたが、目次はこの見出しをまとめるだけでOKだ。「目次」「INDEX」などと書いておけば、ひと目でわかる。目次を見て**全体像がわかれば、読者は読みたいところだけピックアップして読むことも可能だ**。

説明書やノウハウ本を読むときと同様、Webページを見る場合でも、最初から最後までじっくり読む人もいれば、**読みたい部分だけをピックアップして読む人**もいる。Webの目次はページの上部に置き、リンク機能を利用して、目次をクリックするだけで読みたい場所へ遷移できるようにしておこう。

## 目次は重要

外国人にも人気！
京都の観光名所その魅力
京都で人気の神社仏閣を 3 カ所、
ご紹介しましょう。

1）外国人人気 No.1「伏見稲荷大社」

人気の秘密は千本鳥居で、朱色の鳥居がずらりと並ぶその姿は壮観で、観光客から熱い視線を集めているようです。インスタ映えという意味でも、人気なのでしょう。

目次がないページ
目次がない長文のページは全体像がつかみにくい

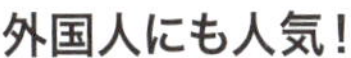

外国人にも人気！
京都の観光名所その魅力
京都で人気の神社仏閣を 3 カ所、
ご紹介しましょう。

<INDEX>
1）外国人人気 No.1「伏見稲荷大社」
2）市内が一望できる「清水寺」
3）一休さんでおなじみ？「金閣寺」

1）外国人人気 No.1「伏見稲荷大社」

人気の秘密は千本鳥居で、朱色の鳥居がずらりと並ぶその姿は壮観で、観光客から熱い視線を集めているようです。インスタ映えという意味でも、人気なのでしょう。

2）市内が一望できる「清水寺」

目次を入れたページ
目次を見れば、全体に何が書かれているかがつかみ取れる

目次をクリックすると小見出しに遷移するようにリンクを設定しておく

SECTION 13

# 漢字・ひらがな・カタカナを書き分ける

必読

## 読み手に合わせて使い分け

日本語には漢字・ひらがな・カタカナという3つの表記がある。どの表記を使っても間違いではないが、「意図を持って使い分ける」ことが大切である。それぞれの表記は「読み手に与える印象」が異なるからだ。

左ページにメリットとデメリットをまとめた。それぞれの特徴を踏まえ、上手に使い分けるようにしよう。

1つのWebサイトでは、表記を統一して使おう。同じWebサイトの中で、あるページでは「虎」と書き、別のページで「とら」「トラ」と書くと不統一になる。読者に混乱を与えてしまう要因となるので注意しよう。

表記を統一することによって、読者に安心感を与え、信頼度を高めることにもつながるのだ。ルールに迷った場合は、「記者ハンドブック（共同通信社発行 34ページ参照）に従う」ことをおすすめしたい。

## 漢字・ひらがな・カタカナの使い分け

| | 漢字 | ひらがな | カタカナ |
|---|---|---|---|
| メリット | 1文字ずつに意味があり、読みやすく伝わりやすい | どの年齢層にも読みやすい文章になる | 新しさやスマートな印象を与える |
| デメリット | 読みにくい漢字を使ったり多用したりすると、難しい印象を与える | 幼い印象を与える | 頭に入りにくく、記憶に残らない場合がある |

<書き分け例>　「お勧め　おすすめ　オススメ」

・○○様には、この高級ブランド時計をお勧めします。
・このとろけるプリン、おすすめです！
・今週のオススメ！　今が旬のさくらんぼ

一般的にはひらがな表記を使うことが多いだろう。軽い印象になる。漢字で表記すると重厚感が表現できるので高級品の紹介などに適している。カタカナを使うとキャッチーな印象になる

SECTION 14

# 体言止めでリズムを生み出す

必読

## 単調な文章が一気に変わる！

体言止めとは、言葉の最後を体言（名詞）で終わる表現方法のことだ。もともとは和歌や俳句などで余情や余韻を持たせるために使われた技法だが、一般の文章でも使うことができる。**文章にリズムを生み出すための技法**として、覚えておくとよいだろう。

読んでいてリズムを感じられない文章には、文末が単調な場合がある。例えば文章がすべて、「〜です」や「〜である」ばかりになってしまっている文章だ。リズムを生むために文末の何ヵ所かに体言止めを使ってみよう。

しかし、リズムを生み出したいからと体言止めを多用するのも考えものだ。なぜなら体言止めにはメリット・デメリットの両方があるからだ。メリットは、「上手に使うことで、文章に**リズムが生まれる**」「**体言止めにした部分を強調することができる**」ことだ。デメリットは、「多用すると、投げやりで冷たい印象を与える」「丁寧さに欠ける文章となる」ことだ。

## 体言止めを使う

Before

**体言止めを使っていない文章**

昨日、小学校最後の試合が終わりました。悔いのない試合になるよう、全力で挑みました。結果は準優勝と少し残念でした。

After

**体言止めを使った文章**

**パターン1**
昨日終わった、小学校最後の試合！　悔いのない試合になるよう、全力で挑みました。結果は準優勝と少し残念でした。

**パターン2**
昨日、小学校最後の試合が終わりました。悔いのない試合になるよう、全力で挑戦！　結果は準優勝と少し残念でした。

**パターン3**
昨日、小学校最後の試合が終わりました。悔いのない試合になるよう、全力で挑みました。結果は準優勝と少し残念！

SECTION 15

# 重複表現・繰り返しを避ける

必読

## 同じ意味の言葉を削除し、簡潔に伝えよう

重複表現とは、**同じ意味の言葉を重ねて使うこと**で、二重表現ともいう。

例えば「頭痛が痛い」という表現は、「頭痛」だけで「頭が痛い」という意味を伝えているから間違い。「頭痛がする」または「頭が痛い」が重複のない正しい表現になる。

「後で後悔する」はどうだろう。「後悔」の意味は「後になって悔いること」なので、「後で」を書く必要はない。「後悔する」または「後で悔いる」が正解だ。

また、言葉の繰り返しも避けよう。「晴れてきたから、今日は洗濯ものが乾くから、洗濯機を回そう」には「から」が繰り返し使われていて読みにくい。文を2つに分けるなどして、簡潔な表現を心がけよう。

もうひとつ、「同じ表現（言葉）を何度も使う」というのも避けるべきだ。例えば、子犬について語るときに何度も「可愛い」と書くのはNG。「可愛い」を**別の言葉にいい換えるだけで、表現の幅も広がる**のだ。

## 重複表現を避ける

Before

### 重複表現がある文章

新年あけましておめでとうございます。今年の目標をここにきっぱりと断言します。「約10kg程の減量です！」これを1年以内に達成したいと思います。最後の結末はどうなるか？　12月を楽しみに待ちたいと思います。

After

### 重複表現を避けた正しい文章

あけましておめでとうございます。今年の目標を断言します。「約10kgの減量です！」これを1年以内に達成したいと思います。結末はどうなるか？　12月を楽しみに待ちたいと思います。

「新年あけまして」「きっぱりと断言」「約 10kg 程」「最後の結末」
以上、４カ所が重複表現

## COLUMN

# 同じ言葉を使わないために「類語辞典」を活用する

「重複表現・繰り返しを避ける」のところで、同じ表現（言葉）を使わないようにしようと説明したが、そんなとき役に立つのが「類語辞典」だ。

例えば「美しい」を別の言葉にしたい場合、検索窓に「美しい」と入れると、「かわいい」「綺麗」「愛くるしい」「グッドルッキング」「明媚」など、さまざまな言葉が出てくる。その文章にあった言葉にいい換えることで表現に幅ができ、より味わいのある文章にすることができる。

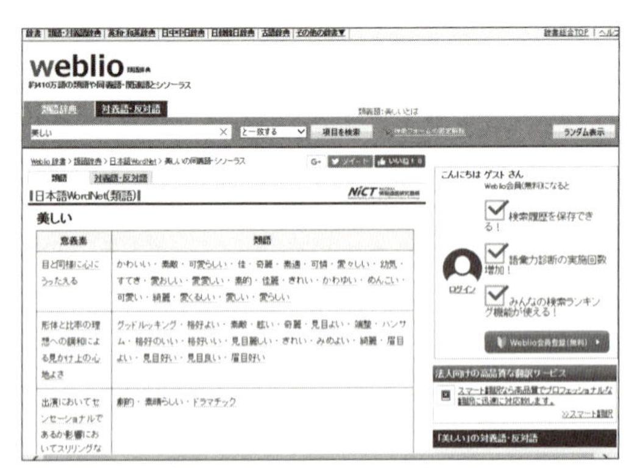

●weblio（類語辞典）　https://thesaurus.weblio.jp/

# 4章

# わかりやすい文を書く

SECTION 16

# なぜ「わかりやすい文を書く」ことが大切なのか？

必読

## 最後まで読ませるために

Webサイトに訪問して、途中で読むのをやめてしまった経験はないだろうか？どんなに素晴らしい文章でも、**読者が途中で離脱してしまったら意味がない**。では途中で読むのをやめてしまうのは、どういうときだろうか？

（1）書いている内容について「自分には関係ない」と思った

（2）わかりにくい箇所にぶつかり、それ以上読み進めたい気持ちにならなかった

読者は何かしらの課題、悩みをもってWebサイトを検索しているので、**「自分に関係ない」「自分の課題や悩みを解決できない」**と思ったらすぐに離脱してしまう。

またせっかく読み進めているのに**「書いてあることがわからない」「理解できない」**と感じた途端にそのページを閉じてしまうこともある。

第4章では「わかりやすい文を書く〜最後まで読ませるために」をテーマに、7つのライティングテクニックを紹介する。

## 最後まで読まれることが大事!

**読まれない理由　その1**

自分には関係ないと判断される

自分に関係ないと思うと、スルーしてしまう

**読まれない理由　その2**

わかりにくい箇所にぶつかり、読み進められない

ちょっとでも「わかりにくい」と感じたら、そのページを閉じてしまう

最後まで読ませるための「心得」と「テクニック」を学ぼう！

SECTION 17

# ターゲットを明確にする

必読

## 最後まで読ませるための絶対条件！

Ｗｅｂサイトの文章を書くときに、よくある失敗。それは「多くの人に訪れて欲しい」という想いから、万人に向けて文章を書いてしまうことだ。幅広いターゲットを想定してしまうと、結果「誰にも伝わらない文」「刺さらない文章」になってしまう。ターゲットを明確にしてから書き始めるようにしよう。

ターゲットを明確にするとは、「誰に向けて書くのか」を決めることだ。例えば将棋について書く場合、プロ棋士向けの原稿と、これから将棋を始める人向けの原稿では内容、書き方、用語の使い方まで大きく変わる。初心者向けには駒の種類や動かし方を説明すると親切だが、プロ棋士にとっては役に立たない内容だと感じるだろう。

ターゲットを明確にすると、読者は「私のことをいっている」「私が求めていたことだ」と認識し、興味を持ち続けながら最後まで読み進めてくれる。読者に「自分のことだ」と思ってもらうために「ターゲットを明確にする」ということが重要だ。

## ターゲットを明確にするメリット

栄養ドリンクを紹介するときのコピー例

**Before**

ターゲットを明確にしない文章

**その疲れ、この1本で解決！**

ターゲットがあいまいなので、結局誰にも刺さらない、伝わらない

**After**

ターゲットを明確にした文章

ターゲット：40代のお母さん

**いつも笑顔のママでいたいなら、試して欲しいこの1本！**

ターゲット：70代の男性

**現役世代にはまだ負けない！毎朝1本の習慣、始めてみませんか？**

**SUMMARY**

- ターゲットを明確にすることが、わかりやすい文を書く最初の一歩
- 具体的にターゲットを決めよう

SECTION 18

# 一文一義で書く

必読

## 詰め込みすぎないことが大事

**「一文一義」とは、「句点までの1つの文には、1つのことだけを書く」**というルールのことだ。1つの文にあれもこれもと詰め込むと、一文が長くなり、伝えたいことがストレートに伝わらない。**ひとつひとつ確実に伝えていくために、一文一義のルールを守ろう。**

例えば「天気予報で台風接近のニュースを見たので、外出を控えたいと思う」という文。これは1つの文で2つのことを書いている。一文一義で書くと「天気予報で台風接近のニュースを見た。外出を控えたいと思う」と修正できる。

1つの文に2つのことを書いている右の例では、変化を感じにくいかもしれないが、1つの文に3つも4つも詰め込んでしまうと、わかりにくい文章になることは明白だ。**読みにくいと感じたときは、「一文一義で書く」というルールを徹底**してみよう。

## 一文一義で、一目瞭然に!

**Before**

まずはアンケート結果をまとめ、次にレポートを作り、最後に考察を入れて完成させてください。

1つの文の中に、

- アンケート結果をまとめる
- レポートを作る
- 考察を入れて完成させる

という3つの内容が盛り込まれているので、理解するのに時間がかかる

**After**

まずはアンケート結果をまとめる。次にレポートを作る。最後に考察を入れて完成させてください。

一文一義にすることで、何をするかが一目瞭然となり、一度読んだだけで伝わりやすい

SECTION 19

# 箇条書きを使う

必読

## 視覚的にもわかりやすく

箇条書きとは、文章中の事柄を**いくつかの項目に分けて書き並べる**表現方法のことだ。文章の中に書き連ねるよりも、**項目が目立ち、わかりやすくなる**というメリットがある。視覚的にとらえ、頭に入れることができるからだ。

箇条書きにする場合、どんな記号を使ったらよいか迷うこともあるだろう。中黒／中点（・）やハイフン（—）、または番号を付けて項目を並べるケースが一般的だ。どの記号を使うべきかという決まりはないが、文章内でいろんな記号を使ってしまうのはNG。ルールを決めるようにしよう。★などのマークを項目として使用してもよいが、カジュアルな印象を与える可能性もあるので注意しよう。

ルールを決める際は、**項目に順番性がある場合、「番号付きの記号」を使い、順番性のない場合は、中点やハイフン**などを使うとよい。

## 記号の使い分けもポイント

**Before**

資料の作り方を説明します。
まずはアンケート結果をまとめ、次にレポートを作り、最後に考察を入れて完成させてください。

**After**

資料の作り方を説明します。
1）アンケート結果をまとめる
2）レポートを作る
3）考察を入れて完成させる

箇条書きにすることで、一文で見せていたときよりも項目が立ち、わかりやすい。
順番があるので、数値を付けて並べる

**SUMMARY**

- 箇条書きにできる文章は、積極的に箇条書きを使おう！
- その際、記号の使い方も工夫しよう！

## 箇条書きから表を作る

箇条書きにするとわかりやすくなるが、項目が多すぎると、すっきりまとめられない場合がある。そんなときは、**項目を階層化**してみよう。

例えば、「弊社の福利厚生には、健康診断、メンタルヘルスケア、スポーツジム制度、育児休業と託児施設費、ベビーシッター補助、通信教育費補助、海外留学費補助などがあります」といった内容を箇条書きにすると8項目にも及んでしまう。階層化した例を左ページの図に示すので、確認して欲しい。

階層化して表現すると、項目が多い内容をスッキリさせることができるが、Webサイトで表現すると縦に長いレイアウトになってしまう。スクロールして読ませるWebメディアでは適さない場合もある。そんなときは**表として整理する**ことを考えてみよう。縦に長いレイアウトを横長にすっきりとまとめることができる。

箇条書きにしてもわかりにくい場合、「階層化する」「表にする」という方法を検討してみよう。

## 表にすれば、さらにわかりやすく!

弊社の福利厚生には、健康診断、メンタルヘルスケア、スポーツジム制度、育児休業と託児施設費、ベビーシッター補助、通信教育費補助、海外留学費補助などがあります

福利厚生
■健康系
・健康診断
・メンタルヘルスケア
・スポーツジム制度
■育児系
・育児休業
・託児施設費
・ベビーシッター補助
■自己啓発系
・通信教育費補助
・海外留学費補助

階層化でスッキリ

表にすることで画面のスクロールを防ぐ

| 健康系 | 育児系 | 自己啓発系 |
|---|---|---|
| ・健康診断<br>・メンタルヘルスケア<br>・スポーツジム制度 | ・育児休業<br>・託児施設費<br>・ベビーシッター補助 | ・通信教育費補助<br>・海外留学費補助 |

SECTION 20

# 主語と述語を近くに置く

必読

## 誤解させる原因を取り除こう

主語と述語は、文章の基本だ。小学生の国語で習うので、主語と述語を知らない人はいないだろう。ただ、**配置する場所によって、わかりにくい文章になってしまう**ので注意が必要だ。

次の文を読んでみよう。

「今日は、天気予報が雨だったが、晴れだった。」

左ページの例のように、主語は「今日は」で、述語は「晴れだった」である。主語と述語の間に他の情報が詰め込まれていると、読者は文の途中で混乱してしまう危険性がある。

日本語には「最後まで読まないとわからない」という弱点がある。**誤解させずにストレートに伝えるためにも、主語と述語を近くに置く**よう心がけるとよいだろう。

## 主語と述語が離れていると…？

**Before**

今日は、天気予報は雨だったが、晴れだった。

主語：今日は　述語：晴れだった

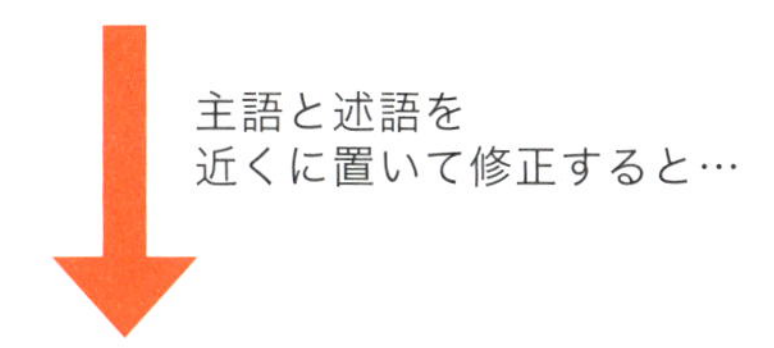

主語と述語を
近くに置いて修正すると…


**After**

天気予想は雨だったが、今日は、晴れだった。

主語：今日は　述語：晴れだった

伝えたいことは「今日は、晴れだった」という事実だが、日本語は「最後まで読まないとわからない」という弱点がある。
Beforeの文章では、途中まで読んだ人は「今日は雨だったの？」と読み進めてしまい、混乱を招いてしまうかもしれない。

SECTION 21

# 修飾語と被修飾語を近くに置く

必読

## 解釈が変わってしまうのを防ごう

**修飾語とは、他の言葉を詳しく説明するために用いる言葉のことだ。**形容詞や副詞のような修飾語を付け加えることで、表現力を豊かにすることができる。

修飾語は文章の表現を豊かにするためには欠かせない存在だが、**「どこに置くか」**で解釈が変わってしまうこともある。

例えば「大きな花柄のハンカチ」と聞いて、どのようなハンカチを思い浮かべるだろうか？　「ハンカチが大きい」と解釈した人、「花柄が大きい」と解釈した人、2つのパターンが考えられるのではないだろうか。つまり誤解される文章になりかねないということだ。

**誤解を生まず、わかりやすくするには、修飾語と被修飾語を近くに置くことが必要だ。**ハンカチが大きいといいたいなら「花柄の、大きなハンカチ」、花柄が大きいといいたいなら、「大きな花柄の、ハンカチ」とするとよいだろう。

## 誤解させる文章に!?

**青い箱の中のボールを、取り出してください。**

この文は、人によって2とおりの
解釈ができてしまう悪文

青い箱の中のボールなのか？
（ボールの色は特に指定がない）

青い　箱の中のボール

修飾語

被修飾語

箱の中の青いボールなのか？
（箱の色は特に指定がない）

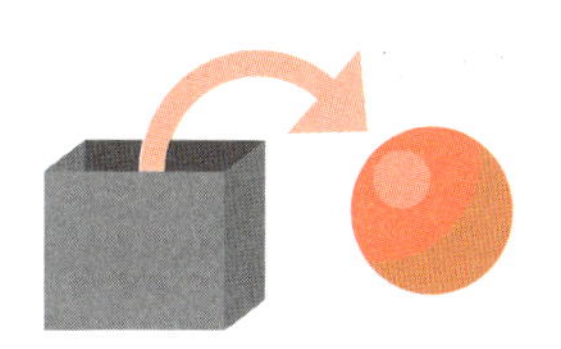

SECTION 22

必読

# 肯定表現と否定表現を使い分ける

## プラスイメージで好印象に

文章には肯定的な表現と、否定的な表現がある。**わかりやすく伝えたい場合は肯定的な表現を使おう**。なぜなら、否定表現を使うと、マイナスイメージを与えてしまったり、わかりにくい文章になったりするからだ。

例えば「お手伝いをしてくれないと、お小遣いはあげないよ」といわれるのと、「お手伝いをしてくれたら、お小遣いをあげるよ」といわれるのとでは、子どものモチベーションは大きく変わるのではないだろうか。後者の**肯定表現のほうがプラスイメージは強く、わかりやすい文章**といえるだろう。

つまり基本的な文章では「肯定表現を使う」ことを意識するとよい。**否定表現で書いてしまった場合、「肯定表現で書き換えることはできないか？」ということを検討してみよう**。

## 肯定表現は
## プラスのイメージが伝わる表現

否定表現

期日に間に
あわせないと、
相手先に迷惑を
かけるよ。

困ったな！

肯定表現

期日に間に
あわせて、
相手先に信頼して
もらおう！

よし、
がんばろう！

SECTION 23

# 能動態と受動態を使い分ける

必読

## わかりやすいのはどちらか？

文章には、主語を主体として書く能動態と受け身の文章といわれる受動態がある。

例えば、次の文章を見てみよう。

【受動態】当社では、中国語の堪能な学生を採用したいと考えられている。

【能動態】当社では、中国語の堪能な学生を採用したいと考えている。

どちらも同じ意味だが、**能動態のほうがストレートでわかりやすい。積極的な印象があるのも、能動態だ。**

一方、**受動態は、回りくどくて消極的な印象がある。**

文章を書くときは、基本は能動態で書くものと心得よう。

ただし一部受動態が適している場合もある。左ページでは、能動態と受動態、どちらがより適しているか、例文を用いながら解説しよう。

## 意図によって使い分けよう

自信を持って伝えたい場合、能動態が効果的
受動態では曖昧に伝わってしまう

**【能動態】**

ノスタルジーに訴えかける文には、読み手を一瞬にしてタイムスリップさせる効果がある。

**【受動態】**

ノスタルジーに訴えかける文には、読み手を一瞬にしてタイムスリップさせる効果があるといわれている。

事実が明確でないことは受動態で書く
能動態では事実誤認の文章となってしまう

**【能動態】**

本能寺の変では、織田信長の死体が見つからなかった。

**【受動態】**

本能寺の変では、織田信長の死体が見つからなかったといわれている。

COLUMN

## ターゲットを明確にするために、ペルソナシートを活用

わかりやすい文章を書くためには、ターゲットを明確にすることが大事だ。

その際、漠然と「10代男性」や「40代女性」という想定だけではなく、より具体的にターゲットを決めておくことをおすすめする。

項目としては、年齢、性別、居住地、家族構成、性格、職業、趣味などさまざま。具体的に決めるほど、ターゲットに向けた文章が書きやすくなる。

マーケティング用語に「ペルソナ」という言葉がある。ペルソナとは、商品やサービスを利用するお客様の中でも、もっとも理想的なお客様という意味だ。

Webサイトの文章を書く場合も、ペルソナシートを作っておくとよい。

| 項目 | 設定 | 備考 |
| --- | --- | --- |
| イメージ | 石田ゆりこさん | 石田ゆり子さんのように自分に手を抜かない。気取ってはいないが上品な印象。<br>もともと美容に関心はあったが、お肌の衰えを感じ始め、改めて何とかしたいと思っている。子育て中もお手入れを頑張っていたが、最近は子育てからも少し解放され、美しくなること、特に外面の美に対してもっと手間をかけていきたいと思っている。<br>化粧品等は、効き目を実感できるなら、質の良いものでケアをしたいと思っている。 |
| 年齢 | 43歳 | メルマガターゲット35～45(推定)　サブ範囲としてその周辺(推定) |
| 家族構成 | 夫・子供2人・ペット | 商社勤め。<br>中学2年生女子、小学5年生女子<br>室内犬(トイプードル・オス) |
| 職業 | 専業主婦 | ママ友や友人とはティータイムに集まることが多い。 |
| 世帯年収 | 1000万 | 年収ラボによると、関西の有名商社の平均年収は、A社約1100万円、B社約1250万。それより少し価格を落としました。 |
| 好きな雑誌 | VOGUE | 世界の流行を雑学程度に抑えておきたい |
| 興味あること | エイジングケア | 自分にあった化粧品を探すほか、体操など全般。 |
| 最近ハマっていること | 料理 | 旦那さんやお子さんの喜ぶ料理が多かったが、美容にもこだわった料理づくりを勉強中。 |

ペルソナシートイメージ

# 5章

# 伝わりやすい文を書く

SECTION 24

# なぜ「伝わりやすい文を書く」ことが大切なのか？

必読

## 腑に落ちる／納得感を与えるために

第4章では、文に対して少しの工夫をすることによって、読者が文章の途中で引っかかってしまう、立ち止まってしまう、考えこんでしまうということを回避させることを解説した。一文一義、箇条書きなどのテクニックが代表例だ。

第5章ではさらに一歩踏み込んだ「伝わりやすい文」について説明する。「わかりやすい」よりもさらに踏み込んで**「納得できる」「腑に落ちる」という気持ち**にさせるためには、**より具体的に正確に伝える**ことが必要になる。

これまでは一文一文の工夫がメインだったが、ここから先は、文章全体に対して、工夫をすることを解説していく。文章を書く前に考えておきたい「設計図」の描き方もマスターして欲しい。第5章では「伝わりやすい文を書く～腑に落ちる／納得感を与えるために」をテーマに、5つのライティングテクニックを紹介する。

## 腑に落ちる／納得感を与えるために

**わかりにくい文**

何がいいたいのかわからない

**わかりやすい文**
理解しやすく、スムーズに頭に入ってくる

しかし、頭で理解できても、スルーしてしまう可能性が!

伝わりやすい文
「わかりやすい」は大前提。さらに深い納得、腑に落ちる感覚がある状態

「納得した」「腑に落ちた」となれば、次のステップ（行動、購入）につながりやすくなる

SECTION 25

# 目的を明確にする

必読

## 準備は「逆算方式」で

思い付いたことから、何となく書いてしまうと、結局は何を伝えたいのかがわからない文章になってしまう。まずは、**ゴールを決めるところから始めて欲しい**。ゴールとは、文章全体で**何を伝えたいかという目標設定**のことだ。ゴールが決まれば、ゴールに向かって**「何をどういう順番で伝えればよいか」**が見えてくる。

例えば「ニュースに新製品を取り上げてもらう」というゴールの場合、新規性のある機能を紹介した文章を作成すべきだろう。また「SNSで拡散させる」というゴールの場合は、SNSを利用する若年層向けの機能を集めた原稿がよいかもしれない。

文章を書くときは、次の手順でしっかり準備しよう。

（1）ゴールを決める
（2）ゴールに向かうために必要な材料を書き出す
（3）書き出した情報を精査して、必要な情報を決める（不要な情報は削除する）

## 「ゴールは何か?」を決めることが大切

「購入ボタン」をクリックさせること

「資料請求」をクリックさせること

**SUMMARY**

- 思い付きで書き始めると情報が散漫になってしまう
- 何を伝えたいか、ゴールを最初に決めよう

SECTION 26

# 具体的に書く　その1（数字を使う）

必読

## リアリティが増す

次の2つの文を比べてみよう。

（例1）ひときわ目立っているのが、あの超高層ビルだ。

（例2）ひときわ目立っているのが、地上34階、高さ160mのあの超高層ビルだ。

数字を使った例2のほうが**具体的でリアリティのある文**に仕上がっている。文章中にはできるだけ具体的な数字を入れるように心がけよう。例えば**「多い」「少ない」「重い」「軽い」などの表現が出てきたときは、数字を入れられないか検討しよう**。

一方で、数字だけでは伝わりにくい場合もある。そんなときは**例を使うテクニックをプラス**しよう。

「この折りたたみ傘は約90グラムと超軽量です。なんとスマートフォンよりも軽いのです」という文。90グラムという重さにピンとこない人も「スマートフォンよりも軽い」という補足説明が入ると、より具体的に重さをイメージできるようになる。

## 数字を使おう

**Before**

明日の会議は人数が少し増えたので、
資料を多めに用意してください。

「少し」「多め」は曖昧な表現で、具体的にどうすればよいかわからない

**After**

明日の会議は人数が**2人**増えたので、
資料を全部で**15部**用意してください。

誰が読んでも誤解がなく、正確に伝えることができる

**数字を使う５つのメリット**

- 具体的に表現できる
- 正確に伝えることができる
- リアリティー（信憑性）がでる
- インパクトを与えることができる
- 誰が読んでも同じ意味に捉えられる

SECTION 27

# 具体的に書く その2（固有名詞を使う）

必読

## 信ぴょう性とインパクト

次の2つの文を比べてみよう。

（例1）高校時代の先生は某野球チームが大好きで、明るく楽しい人でした。

（例2）高校時代の山田先生は阪神タイガースが大好きで、明るく楽しい人でした。

「山田先生」や「阪神タイガース」という**固有名詞を入れることによって、文章は具体的になり、さらに信ぴょう性も高くなる**。例1でも「わかりやすい文」ではあるが、「どちらがより伝わる文だろうか？」と考えると、例2のほうが**伝わる文、印象に残る文**といえるだろう。

名詞には主に固有名詞と普通名詞がある。固有名詞は「山田先生」や「阪神タイガース」のように唯一（固有）の名詞のこと。普通名詞は「先生」「野球チーム」「食べ物」「楽器」「バイオリン」などの一般的な名詞のことだ。**より具体的な固有名詞**を入れることによって、インパクトの強い「伝わる表現」になる。

5章



## 「普通名詞」も使い方次第で具体的に書ける!

**「普通名詞」も、意識して使うことによって、具体的に書くことにつながる**

Before

ご家庭で、南国フルーツを育てませんか？

After

ご家庭で、パイナップルやライチ、マンゴーなどの南国フルーツを育てませんか？

- 南国フルーツは、普通名詞。パイナップル、ライチ、マンゴーも普通名詞だが、南国フルーツと書くよりも具体的になっている
- 「具体的に書くにはどんな名詞を使えばよいか？」と考えよう

SECTION 28

# 主観と客観を書き分ける

必読

## 説得力が増し書き手の温もりも伝わる

主観的な文章と客観的な文章の違いは次のとおりである。主観的な文章とは、個人の意見や感想を述べる文章。日記、手紙などは主観的な文章の代表的なものだ。

客観的な文章は、一般的な価値観、事実、アンケート結果や客観的データに基づいた文章。レポートなどに用いる文章だ。

主観的な文章は心情を伝えることは得意だが、説得力に欠ける部分がある。一方、客観的な文章には説得力があるが、共感を得るといった意味では弱い部分がある。主観的な文章と客観的な文章を上手に織り交ぜて書くことで、**説得力があり、しかも読み手の心を揺さぶるような文章**に仕上げることも可能になるのだ。

**文章を書くときは、どの文が主観で書いた文なのか、どの文が客観で書いた文なのかを、読者が誤解しないように配慮しよう。**

## 主観と客観を織り交ぜると文章が変わる

**Before**

### 主観だけで書いた文章

私は餃子が大好きで、ビールとの組み合わせが最高だと思います。今年の夏は、ビールと餃子を楽しみたいですね！

**After**

### 主観と客観を織り交ぜて書いた文章

餃子にあう飲み物は何ですか？というアンケート調査では、70％の人が、「ビール」と答えています。
それほど、餃子とビールの組み合わせは多くの日本人に認知されているということがわかります。
私も餃子が大好き。今年の夏は、ビールと餃子を楽しみたいですね！

・主観的な文章だけのときよりも、客観的な事実を盛り込んだほうが、説得力が増したことがわかる

・主観的な文に対する裏付けが加わったことによって「今年の夏は、ビールと餃子を楽しみたいですね」という主観に対して説得力、共感力が高まる

SECTION 29

# 序論・本論・結論で論文のように構成する

必読

## 型を覚えてロジカルライティング

伝わりやすくするためには、**論理的に話を展開すること（ロジカルライティング）**が必要だ。「型」を覚えてしまえば、意外と簡単なのでぜひ覚えて欲しい。基本的な型が**「序論・本論・結論」という三部構成**である。

**序論は本文の導入部**である。読者に興味を持たせ、本論へスムーズにつなげる役割がある。

**本論は、序論で述べたことを受けて具体的に話を展開していく部分である**。読み手がひとつひとつ納得できるよう、丁寧に説明していこう。最後が結論。**文章全体を読んで何を伝えたかったのかを確認して、結論としてまとめよう**。序論や本論と矛盾していないか、要チェックだ。

家を建てるときも設計図が必要だが、文章を書くときも同じだ。書き始める前に、左ページのような**設計図を書く**ことを習慣にしよう。

## ロジカルライティングの基本「序論・本論・結論」の三部構成

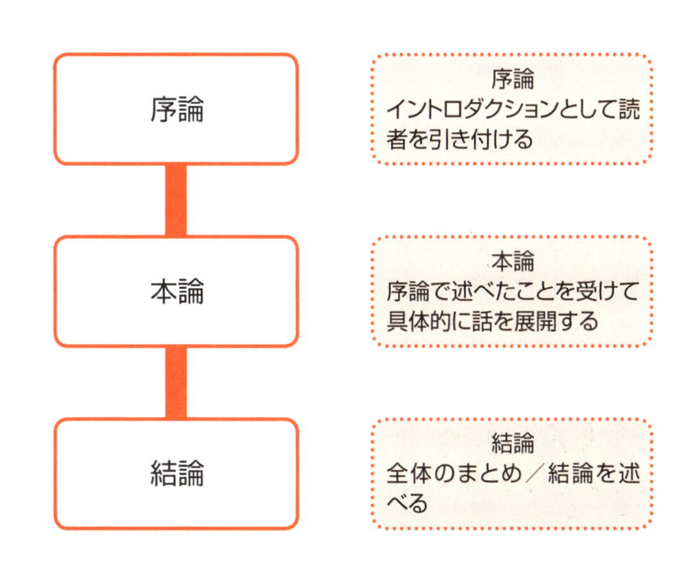


SUMMARY

- 文章を書く前に設計図を書こう
- 序論、本論、結論で述べていることが一貫しているかチェックしよう

## 順列構成の文章例

「序論・本論・結論」の型で「どこまで詳しい内容を書くか」「どこまで具体的な情報を書き込むか」をコントロールする部分は、本論である。本論を2ブロック、3ブロック、4ブロックと増やしながら、文章量もコントロールしていこう。

なお、本論の展開方法には、順列構成と並列構成の2種類がある。最初に順列構成について、解説しよう。

本論を展開するときに、ステップ1、ステップ2、ステップ3・・・と順番を追って説明していく展開方法を順列構成と呼ぶ。文章を書く前に、左ページのような、順列構成の設計図を書いておくと、文章も書きやすくなる。

順番性のある展開方法として思い付くのは「手順」だろう。操作方法、料理の作り方や、組み立て家具の説明書、クレーム対応の流れなどは順列構成が適している。

展開する情報に重要度、優先度がある場合も「順列構成」が適している。重要度の高いもの、優先度の高いものから順番に説明していこう。

## 順列構成とは

「社員旅行の計画」を例に順列構成を考えてみる

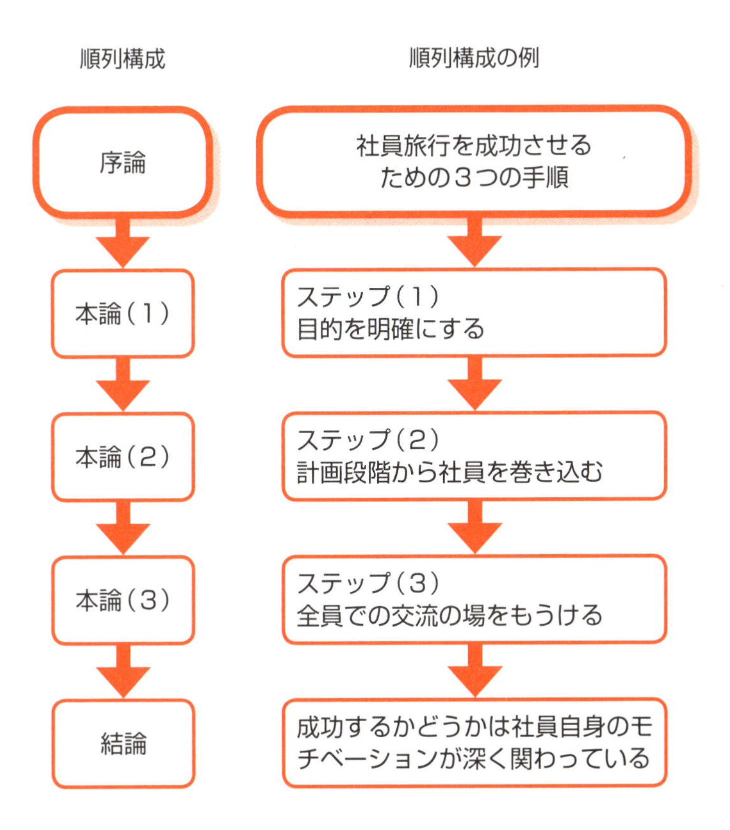

## 並列構成の文章例

続いて、並列構成について解説しよう。

「序論・本論・結論」の文章展開において、並列構成で設計図を書いたほうがよいのは**本論に順番性や優先順位がない場合**だ。

例えば、「大人が語彙力を高めるためにしたい3つのこと」という文章を書くとしよう。本論では、「小説を読む」「映画を観る」「多くの人と会話する」という3つの行動が必要だと書こうとしている。この3つに順番性はあるか？　優先順位はあるか？　と考えてみるのだ。この3つを順番にやるべきだと考えれば順番性があるが、どれを先に行ってもよいと考えれば順番性はなく、並列構成が妥当だ。

**「序論・本論・結論」の文章構成は、ロジカルライティングの基本の型**である。文章を書き始める前にこの設計図を書き、文章を修正する際も、設計図に立ち戻って修正するようにしよう。**設計図を意識すれば、文章が横道にずれて余計なことを書いてしまうなどの論理的破綻を防ぐことができる。**

## 並列構成とは

「語彙力を高める方法」を例に並列構成を考えてみる

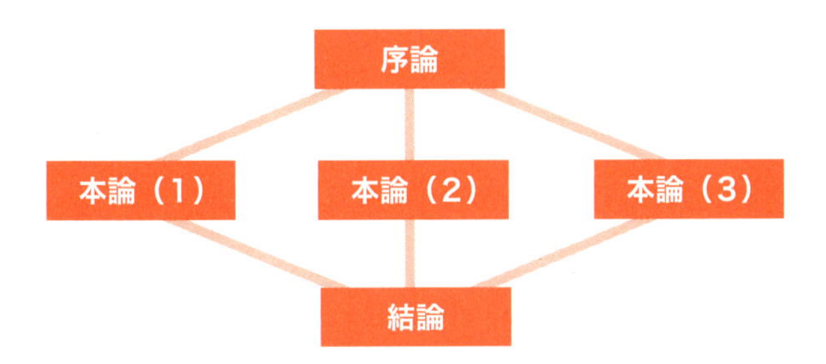


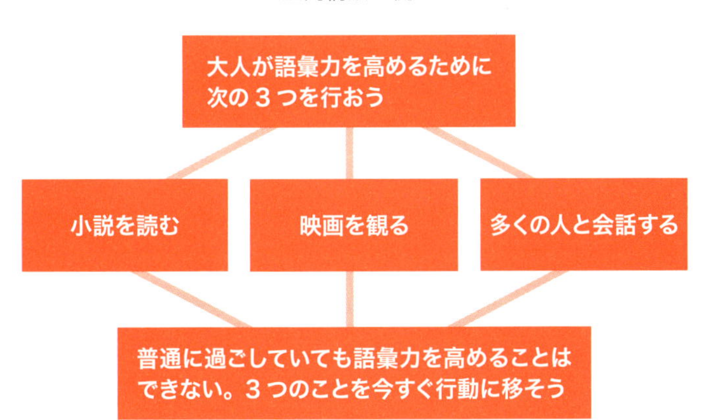

# COLUMN

## 画像を使って伝わりやすくする

Webページは、文章だけでなく画像を入れることで、より伝わりやすくなる。画像を入れるメリットは、次の3つだ。

（1）読者を引き付ける（アイキャッチ）
（2）読みたくない読者を読む気にさせる
（3）記憶に残りやすくなる

**外国人にも人気！**
**京都の観光名所その魅力**

京都で人気の神社仏閣を3カ所、ご紹介しましょう。

**1）外国人人気 No.1「○○大社」**

外国人に特に人気なのは伏見稲荷大社です。人気の秘密は千本鳥居で、朱色の鳥居がずらりと並ぶその姿は壮観で、観光客から熱い視線を集めているようです。

**外国人にも人気！**
**京都の観光名所その魅力**

京都で人気の神社仏閣を3カ所、ご紹介しましょう。

**1）外国人人気 No.1**

「○○大社」
外国人に特に人気なのは
伏見稲荷大社です。

画像だけで印象がガラリと変わる!

Webページに画像は必須

# 6章

## 心を動かす文を書く

SECTION 30

# なぜ「心を動かす文を書く」ことが大切なのか？

必読

## 行動させるために

Ｗｅｂライティングには「情報の伝達・拡散」「興味・関心を深める」「行動・購入を促す」など、さまざまな目的、ゴールがある。インターネット上では、直接読者と会うことなく、直接会話することもなく、これらの目的やゴールを達成しなければならない。

なかでも「資料請求させる」「問い合わせさせる」「購入させる」などの「行動・購入を促す」ライティングは、非常に難しいチャレンジだ。

なぜなら**人間は、感情で判断する生き物だからである**。どんなに「説明」を読んで納得したとしても、**心が動かなければ、行動や購入にはつながらない**。

第6章では、**理性ではなく、感情を動かすためのライティングテクニック**を紹介する。読者をいかに引き付け、共感を得て、感動を与えるか、を考えたライティングを実践しよう。

## 人は感情の生き物
## 心を動かさなければ行動しない！

「わかった」「理解した」だけでは、行動までつながらない

人間は理性ではなく、感情で判断する生き物である

共感、感動など、心が動いてようやく行動につながる

インターネットでは、直接商品を見たり、直接商品を触ったりできない。

文章だけで「共感させる」「感動させる」「心を動かす」「買わせる」ためには、テクニックが必要。

SECTION 31

# 表現力豊かに書く

必読

## 形容詞・副詞・オノマトペを使う

**表現力をアップさせるときに使うのが、名詞を修飾する「形容詞」と、動詞や形容詞を修飾する「副詞」**だ。左ページの例文で確認して欲しい。

もうひとつ、情景をより感情的に伝えるのに適しているのがオノマトペだ。**オノマトペとは、擬音語や擬態語のこと**。擬音語とは音や声を文字にしたもので、「ワンワン」「トントン」「ガチャガチャ」などが該当する。擬態語とは、ものの状態や心の中で思っていることを文字にしたもので、「キラキラ」「ふんわり」「ドキドキ」などが該当する。**文章にオノマトペを入れることで、表現を豊かにする効果がある**。

例えば、「焼き芋を食べた」ではなく、「ホクホクの焼き芋をハフハフしながら食べた」と書けば、温かい焼き芋をおいしそうに食べている情景がよりリアルに描けるだろう。

表現力豊かな文章を書きたいと思ったときは、「形容詞・副詞・オノマトペ」を使って工夫してみよう。

## プラスアルファで表現が豊かに!

＜形容詞を使ってみよう＞

**Before** 昨日、女性に出会った。

**After** 昨日、美しい女性に出会った。

昨日、優しい女性に出会った。

＜副詞を使ってみよう＞

**Before** 私は最寄りの駅まで歩いた。

**After** 私は最寄りの駅まで急いで歩いた。

私は最寄りの駅までのんびり歩いた。

## 声や会話を入れて臨場感を演出する

Ｗｅｂライティングでは、目の前にいない読者に情報を伝える必要がある。淡々とした説明文だけでは、読者はどうしても「ひとごと」という感覚で文章を読み、情報をスルーしてしまう傾向がある。できるだけ臨場感のある文章を書き、読者に**「自分ごと」と思わせる**ことが大切だ。

臨場感とは「まるでその場にいるような感覚」のことだ。**文章中に声や会話を挿入することによって、文章に臨場感を出すことができる。**臨場感のある文章を読むと、**読者は共感、同意、納得などをより強く感じるようになる。**

声や会話を入れる場合は、該当箇所がわかるように、声や会話をカギかっこで囲む表記方法が一般的だ。

会話の場合は発言する人が複数存在するので、その発言が誰の発言なのかをわかるようにする。２〜３行の場合は会話を並べるだけでもよいが、会話が長くなる場合、発言者を明記したほうがわかりやすくなる。

## 声や会話で、臨場感アップ!

### ■声を入れる場合

**Before**

試写会が終わった後、観客からは
多くの歓声が上がった。

**After**

試写会が終わった後、観客からは
**「すばらしい」「ブラボー」「ファンタスティック」** など
多くの歓声が上がった。

### ■会話を入れる場合

**Before**

公園のベンチでは、幼稚園の先生と子どもたちが
会話しながら、楽しそうにお弁当を食べていた。

**After**

公園のベンチでは、幼稚園の先生と子どもたちが
会話しながら、楽しそうにお弁当を食べていた。
**「あやちゃんのお弁当おいしそう！」**
**「先生、卵焼き食べますか？」**
**「ありがとう。いただきます」**

SECTION 32

# ネガティブアプローチ

必読

## 問題提起から書き始めるパターン

通販番組で商品を買った経験はあるだろうか？　買った経験はないとしても、見ていて欲しくなった、買いたくなったという体験はあるだろう。通販番組の目的は、視聴者に商品を買ってもらうことだ。

**通販番組の構成、トーク、演出などから学ぶ**べきことは、たくさんある。

通販番組の構成は大きく2つに分けられる。**「ネガティブアプローチ」**と**「ポジティブアプローチ」**だ。まずは「ネガティブアプローチ」について説明しよう。

**ネガティブアプローチとは、「困っていること」「悩みごと」など問題提起からアプローチしていく方法**だ。例えば、「梅雨の季節はジメジメして洗濯物が乾かない…。そんなふうにお悩みの方多いですよね？」などというセリフから始まるパターンだ。「おなかの脂肪が気になりませんか？」「会社の人材確保に悩んでいませんか？」などネガティブな点から切り込み、興味を引き付けていくのがポイントだ。

## ネガティブアプローチとは「問題提起」から始める方法



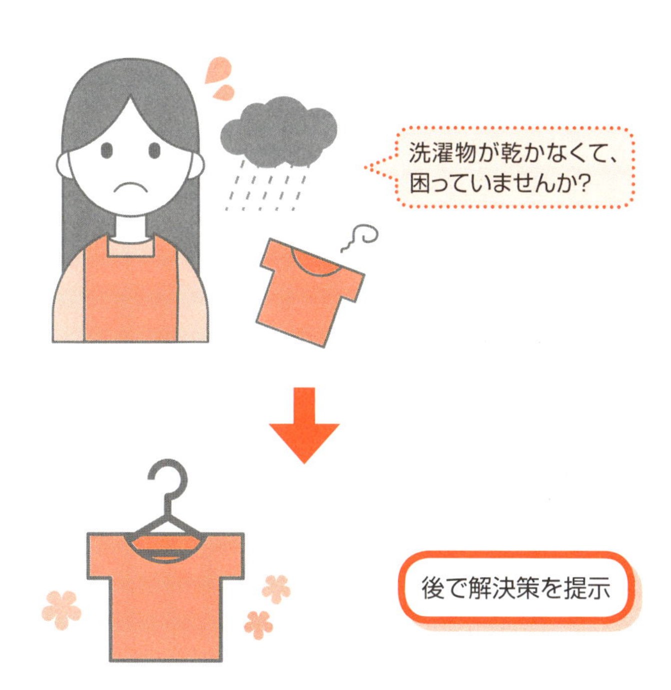


SUMMARY

- 「困っていること」「悩みごと」からトークを始めるのがネガティブアプローチ
- 問題提起で共感させ、後でその解決策を提示する

## パソナ（PASONA）の法則

「困りごと」や「悩みごと」からアプローチする場合の構成として知っておきたいのが、**パソナ（PASONA）の法則**だ。

パソナの法則とは、経営コンサルタントの神田昌典氏が提唱した「セールスレターの書き方」である。**消費者の購買心理を元に考えられた法則で、左ページのような順番にアプローチすることで、購買行動へと促せる**というものだ。英単語のアルファベットの頭文字を並べてＰＡＳＯＮＡの法則としている。

冒頭の「Ｐ」は「Ｐｒｏｂｌｅｍ（問題提起）」の意味だ。「～で困っていませんか？」と切り出す展開が特徴である。問題提起の後は「あおり」。「そのまま放置すると、もっと困ったことになりますよ」と気持ちを追い詰めていく。その次が商品紹介。解決策を提示して、欲しい気持ちに火を付けるのだ。最後の「行動」の直前に書くのが、絞り込み。お得感や限定感を入れる言葉を挿入しよう。

このようにパソナの法則を用いて構成すれば、通販番組のように消費者の心理を徐々に動かすことができるのだ。

## PASONAの法則を活用しよう

ターゲットが問題に感じていることからアプローチ。問題提起をして、悩みごとを共感させる

放っておくと、困った事態になるかも?とあおることで、さらにターゲットを引き付ける

しっかり引き付け、解決策を提示。「こんなによい商品があるんだ」「こんなによい方法があるんだ」と、興味を深めさせる。欲しい気持ちにさせるのが、ここだ!

数ある商品やサービスの中から「これに決めた」と感じさせる絞り込みを行う

「購入する」「資料請求する」などの行動につなげる

## ネガティブアプローチ実践例

実際にパソナの法則を使って、ネガティブアプローチの構成を作る練習をしてみよう。**「売りたいもの」を決め、「ターゲット」「問題」「解決策」を想定する**ことから始める。

ターゲットは、「その商品を買って欲しい人」。その人は「どんな問題を抱えていて、この商品を使うことで、どう解決できるのか?」を考えていく。このとき、自分の都合のよいようにストーリーを作るのではなく、**ターゲットに寄り添うこと**がもっとも大事である。ターゲットに近い人にヒアリングしたり、ターゲットが読みそうな雑誌を読んだりして、ターゲットの気持ちを推し量ることが必要だ。

左ページは、売りたいものを「食器洗い乾燥機」として、パソナの法則で構成した例である。冒頭で、食器洗い乾燥機の機能や価格を押し出してしまっては失敗する。**冒頭で共感させ、ターゲットの気持ちをつかんでから**食器洗い乾燥機の説明に移っていこう。「解決策提示」で機能を示したら、そのまま購入ボタンに進んでもらえるように(逃げられないように)「今なら半額」と**お得感を出したり**、「今月限り」と**限定感を出したり**することが大事だ。

## PASONAの法則を活用した ネガティブアプローチ例

**【売りたいもの：食器洗い乾燥器の場合】**

ターゲット：40代の働くお母さん
問　　　題：家事の分担に不満を持っている
　　　　　　食後の皿洗いぐらい、夫にして欲しい
解　決　策：食器洗い乾燥機を購入しよう

| | |
|---|---|
| Problem<br>問題提起 | 毎日の「お皿洗い」で<br>夫婦喧嘩が絶えない、あなたへ |
| Agitation<br>あおり | お子さんは、<br>そんなお二人の様子を<br>悲しそうに見ているかも? |
| SOlution<br>解決策提示 | 「食器洗い乾燥機」に任せてしまえば、<br>問題は即解決♪<br>・ボタンを押すだけ<br>・お子さんでもできる<br>・設置も簡単! |
| Narrow Down<br>絞り込み<br>限定感・特別感など | 今なら半額!<br>今月限り |
| Action<br>行動<br>最後の一言キャッチ | 食後の喧嘩を家族団らんの時間に♪<br>今すぐ購入しよう |

SECTION 33

# ポジティブアプローチ

必読

## ベネフィットから書き始めるパターン

ネガティブアプローチが「問題提起」からスタートするのに対し、**ポジティブアプローチは「ベネフィット」から書き始める。ベネフィットとは、マーケティング用語で「お客様が商品から得られるよい点、よい効果」の意味だ。**商品を紹介するとき、商品名や特徴を先に紹介してしまうと、視聴者は「売り付けられるかも」という警戒心を抱いてしまう。商品名を出す前に、商品を使った後の快適なシーンや、楽しい会話などを描き、冒頭で視聴者の心をつかむことが大切だ。

栄養ドリンクの紹介であれば、飲み会の翌朝、スッキリ目覚めているシーンを見せるのもベネフィットの提示だ。または楽しそうな会話から始めてもよい。「佐藤さん、昨日の飲み会楽しかったよ」「鈴木さん、最近調子よさそうですね。何か元気の秘訣があるなら教えてくださいよ」「実は…」という会話を見せることで、視聴者は「自分もこんなふうになりたい、なれるかもしれない」と期待して、次の展開を待つのだ。

## ポジティブアプローチとは「ベネフィット」から始める方法

SUMMARY

- 「こんなふうになれます」「こんな幸せが待っています」というトークから始めるのがポジティブアプローチ
- ベネフィットで共感させ、ベネフィットの理由を提示していく構成

## アイドカ（AIDCA）の法則

「ベネフィット」からアプローチする場合の構成として知っておきたいのが、アイドカ（AIDCA）の法則だ。

アイドカの法則とは、消費者が購買行動するときの心理的な過程を表した消費者行動分析モデルのことだ。左ページのように英単語のアルファベットの頭文字を並べてＡＩＤＣＡの法則としている。

冒頭のＡは「Ａｔｔｅｎｔｉｏｎ（注目）」の意味だ。まずはベネフィットを提示し「注目」させることから始める。次に商品やサービスのよさを伝えるなどして、消費者に対し商品への「興味」を持たせる。さらに詳しく説明することで、その思いを「欲求」へと変化させる。変化が起こったタイミングで「今買わなければいけない」と思わせる一押しをする。そこで気持ちは「欲求」から「確信」に変わる。最後の一言で「行動」させるという流れだ。

このようにアイドカの法則を用いて構成すれば、通販番組のように消費者の心理を徐々に動かすことができるのだ。

## AIDCAの法則を活用しよう

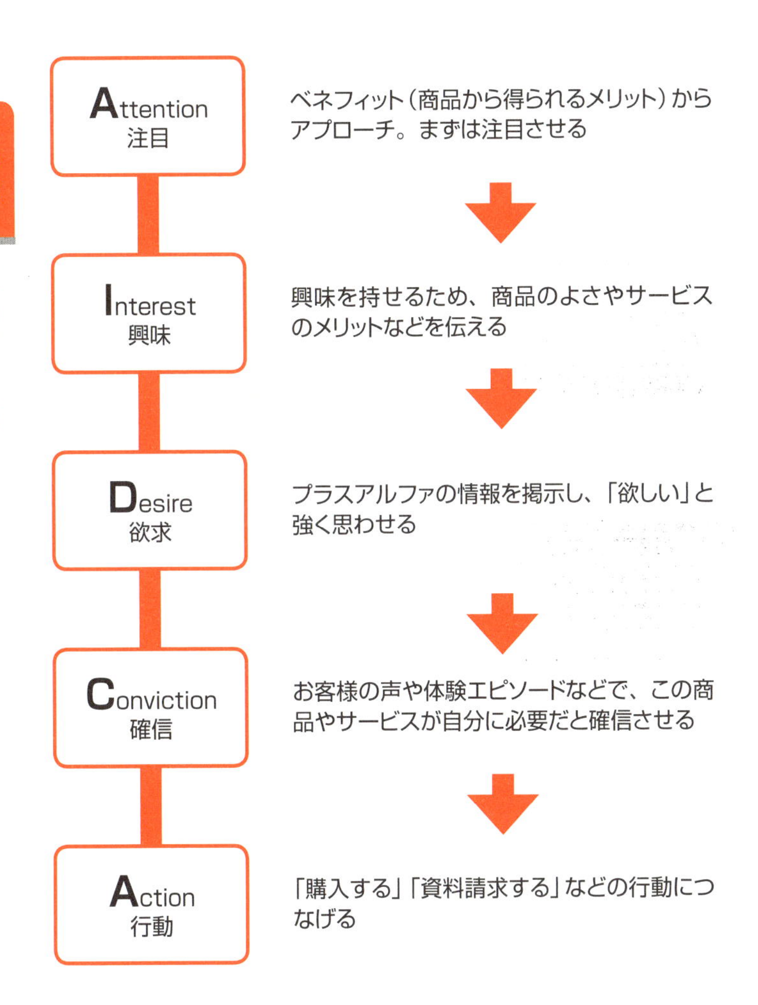

## ポジティブアプローチ実践例

実際にアイドカの法則を使って、ポジティブアプローチの構成を作る練習をしてみよう。まずは「売りたいもの」を決め、「ターゲット」を想定。ターゲットにとって**「どんな未来が待っていたら購入につながるだろう」「購入後にどんなふうになれたら、この商品を手に取ってもらえるだろう」**と想像し、「ベネフィット」を考えることがポイントだ。できるだけ具体的でわかりやすいベネフィットを提示してあげよう。

左ページは、売りたいものを「腹筋サポートグッズ」とした上で、アイドカの法則で構成した例である。

いきなり、腹筋サポートグッズの機能、使い方、価格などを押し出してしまってはいけない。**冒頭でベネフィットを提示し注目を集め、興味を持たせた後で、**腹筋サポートグッズの説明に移っていこう。

商品説明では、ベネフィットの根拠を示す。お客様の気持ちを「欲しい」「買いたい」という「欲求」の段階まで盛り上げていくことが必要だ。

その後は「この商品を、今ここで買おう」と確信を持たせるために、お客様の声などを掲載。即決してもらえるように工夫しよう。

## AIDCAの法則を活用したポジティブアプローチの例

**【売りたいもの：腹筋サポートグッズ】**

ターゲット　：30代の独身サラリーマン
ベネフィット：筋トレグッズで、魅力的なボディが手に入り、女性にモテる
ゴール　　　：腹筋サポートグッズを購入させること

| | |
|---|---|
| Attention 注目 | この夏こそ<br>女子にモテるボディを手に入れたいキミ! |
| Interest 興味 | 苦しい筋トレや<br>過度な食事制限は不要! |
| Desire 欲求 | 1日1回、この腹筋サポートグッズを使うだけで、魅力的なボディが手に入る!<br>ここがポイント<br>・気になる部分に巻くだけ!<br>・好きなことをしながら10分待つ<br>・食事は今までどおりでOK |
| Conviction 確信<br>欲求を確信へ | このグッズでモテモテボディを手に入れ、彼女ができたというAさんの声を紹介!<br>「最初は半信半疑でしたが、1カ月続けると徐々にボディに変化が…。気になっていた女性に告白したらOKがもらえました」 |
| Action 行動<br>最後の一言キャッチ | まずは30日間無料でお試しください<br>今すぐクリック! |

SECTION 34

# キャッチコピーを活用する

必読

## キャッチコピーの作り方

キャッチコピーとは、短い言葉で相手の心を引き付ける宣伝文句のことだ。キャッチコピーと聞くと、テレビCMなどで流れる「耳に残るフレーズ」を思い浮かべる方も多いだろう。しかしWebライティングでは、もっと単純にキャッチコピーをとらえて欲しい。Webライターは、たくさんのキャッチコピーを作る必要があるからだ。

Webサイト上には多くのキャッチコピーが存在している。例えばバナーに掲載する言葉、商品ページの見出し、メールマガジンの件名などが該当する。

Webのキャッチコピーには、ひとつひとつ、具体的な目的がある。バナーに掲載する言葉なら、「バナーをクリックさせること」が目的だ。メールマガジンの件名は、「メールを開封させること」が目的となる。

「目的を達成するためにどんな言葉を書けばよいか」と考えれば、キャッチコピー作りは、それほど難しいことではなくなるだろう。

## Webサイト上には キャッチコピーがあふれている!

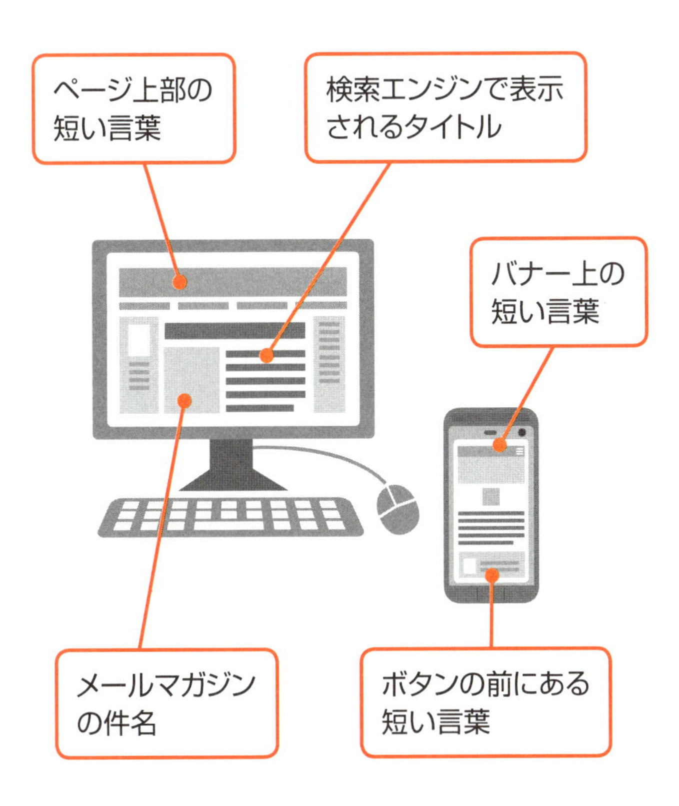

## 数字を入れる・権威付けで信頼させる

キャッチコピーを考えるといっても、すぐには思い浮かばないだろう。そこで、キャッチコピーを考える際のヒントになる7つのテクニックを紹介しよう。

一番簡単なのが「数字を入れる」ことだ。例えば、「毎日たくさんのお問い合わせが！」というコピーを考えたとしよう。ここに数字を入れるとどうなるだろうか？「毎日100件以上のお問い合わせが！」となり、インパクトを与えることができる。具体的な数字を入れることでリアリティーを出すこともできる。

もうひとつ、すぐにできそうなのは「権威付けで信頼させる」というテクニックだ。これは「受賞」など、客観的な評価をコピーに入れるという方法だ。もちろん受賞歴がなくても客観的な評価をコピーに活用することはできる。例えば、「リピート率が高い」「○○との共同研究」なども、権威付けで信頼させるコピーといえるだろう。客観的事実で信頼させることができる言葉は、キャッチコピーにもどんどん盛り込んでいこう。

左ページでは、具体的な例を挙げておくので参考にして欲しい。

# キャッチコピーを活用するテクニック（数字／権威付け）



## 数字を入れる

・100年の歴史が物語る…伝統の技をご覧ください
・今だけ50％OFF！
・1日たった50円で、健康を手に入れるチャンス

## 権威付けで信頼させる

**＜権威のある名称を使う＞**

・グッドデザイン賞金賞受賞！
・ファーストクラスでも使用されたシートを採用
・世界の三ツ星ホテルに選ばれたベッド

**＜権威のある名称を複数使う＞**

・ノーベル賞受賞の山中教授が監修

※「ノーベル賞受賞」「山中教授」どちらも権威のある言葉である

## 残り5つのテクニック

続いて「心理的効果」を考えた、残り5つのテクニックを紹介しよう。

1つ目は「共感させる」ことだ。お笑い芸人が、あるあるネタで笑いを生むことがある。共感させ、引き付けることに成功している例だ。

逆に否定することで、関心を引くこともできる。それが「王道を否定する」という手法だ。「もう、会社へ行くのはやめましょう」など、一般的に当たり前だと思われていることを否定する方法だ。

一方で人は幸せになりたいと願っているので、「ハッピーを描く」というのも、おすすめだ。「足がきれいに見えるストッキング」や「魅せたい足に今すぐなれるストッキング」などのコピーはどうだろう。

「疑問形から始める」というテクニックもある。人間の脳は「問いかけられると答えたくなる」という性質があり、質問形式に変えるだけで、キャッチコピーとなる。

最後に紹介するのは「旬の言葉を使う」というテクニックだ。これは使う時期が非常に重要になるが、タイミングよく使うことができれば、キャッチコピーとしては効果的だろう。左ページに「7つのテクニック」をまとめたので、参考にして欲しい。

## キャッチコピーを活用する7つのテクニック（まとめ）

| | |
|---|---|
| テクニック1<br>グッとくる<br>「数字を入れる」 | 数字を入れるとインパクトがあり、リアリティーも生まれる |
| テクニック2<br>へ～すごい!<br>「権威付けで信頼させる」 | 「皇室御用達」「グラミー賞受賞」など、権威付けがあれば信頼度がアップする |
| テクニック3<br>うん、そうそう!<br>「共感させる」 | あるあるネタは興味や関心を引き、コミュニケーションを育むきっかけになる |
| テクニック4<br>え、まさか?<br>「王道を否定する」 | 「もう歯は磨かない」など、当たり前だと思っていることを否定すれば興味がわく |
| テクニック5<br>未来を想像?<br>「ハッピーを描く」 | 幸せになりたい、なれそうなど幸せな未来を想像できる言葉は人を引き付ける |
| テクニック6<br>答えたくなる?<br>「疑問形から始める」 | 問いかけられると答えたくなる…という人間の脳の性質を利用した手法 |
| テクニック7<br>思わず目がいく<br>「旬の言葉を使う」 | はやりの言葉やトレンドの言葉に人は目がいくもの。キャッチコピーでも活用しよう |

SECTION 35

# 心理学的活用で気持ちを震わせる

必読

## 男性脳と女性脳

一般的に、男性は論理的思考で1つのことに集中する「シングルタスク」の人が多く、女性は感情的思考で複数のタスクを同時に処理しようとする「マルチタスク」の人が多いといわれている。論理的な「男性脳」、感情的な「女性脳」と覚えておこう。

この心理学を用いると、男性と女性では気持ちを震わせるために必要な情報が違うことがわかる。男性の場合、「権威」「客観的事実」「データ／数値」「うんちく」「機能」などの情報に弱いのに対し、女性は「共感」「周りの評判／評価」「自分にとってどうか」「どんなシーンで使えるか想像できること」「お得感」などの情報に弱いといわれている。

左ページでは男女別「ノートパソコンの紹介文」を掲載しているので、その違いを確認して欲しい。

## ノートパソコンの説明文もこんなに変わる!

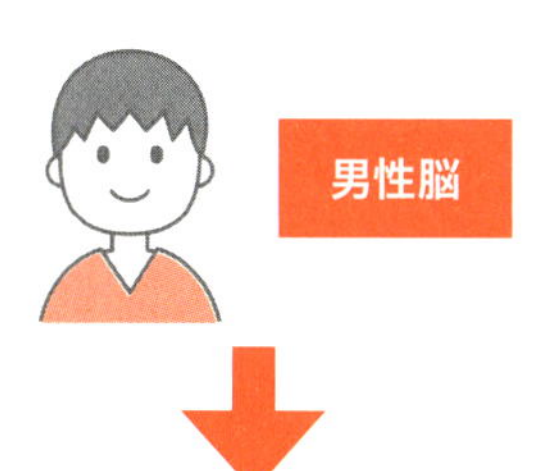


こんな情報に弱い
・権威
・客観的事実
・データ／数値
・うんちく
・機能

【男性向け】
16GBと大容量のメモリを搭載したこのパソコンは、高いスペックを要するゲームでも最高のパフォーマンスを発揮。解像度も1920×1080ドットと高く、ゲームだけでなく動画鑑賞にも最適です。世界最軽量で持ち運びに便利なことも、ポイント高し！

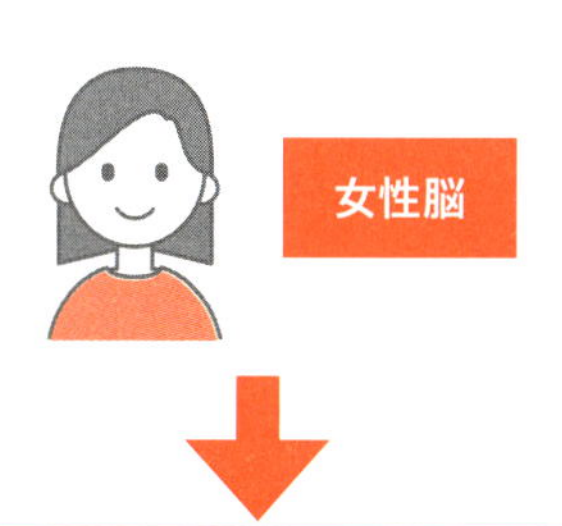


こんな情報に弱い
・共感
・周りの評判／評価
・自分にとってどうか
・どんなシーンで使えるか想像できること
・お得感

【女性向け】
あの有名モデルが使っていることで人気に火が付いたノートパソコンです。ペットボトル1本相当の重さで持ち運びもラクラク！カフェで広げて「デキル」あなたを演出する小道具にもなってくれそうですね

## 選びやすくさせる2つのテクニック

数あるＷｅｂサイト、数ある商品の中から、ユーザーは選択を繰り返して１つの商品に到達する。ここでは、ユーザーが選択しやすくなるような心理学的な法則を２つ紹介する。

### ・選択回避の法則

人間には、「選択肢が多すぎると考えるのを止めてしまう」という行動法則がある。たくさんの選択肢から選んでもらおうとすると、結局選べないままページから離脱してしまう可能性があるということだ。つまり、選択肢を多く用意することは、必ずしもユーザーのためにはならない。最適なものを数点に絞り、選びやすくすることが大事だ。

### ・極端性回避の法則

たくさんの選択肢の中で、人は「一番高い」もしくは「一番安い」商品やサービスを回避するという法則で、松竹梅の法則とも呼ぶ。例えば、「特上」「上」「並」と商品が並んでいれば真ん中の「上」を選ぶ人が多いというわけだ。無難なものを選びたいという心理を利用するため、あえて３つの価格を設定するというのも、テクニックのひとつなのだ。

## 選びやすくさせる2つのテクニック

### ■選択回避の法則

次の20個から選びましょう。

20 個もあったら、
選べないわ。
買う気が失せちゃった。

選択肢が少ないほうが選びやすい

### ■極端性回避の法則

次の3つから選びましょう。

## 限定感・特別感・行列感

ユーザーは、購入ボタンの直前で迷うものだ。実店舗でも、レジの前で購入をためらった経験はあるだろう。それを避けるため、「行動させる直前に何を書くか」を検討して欲しい。例えば、心理学的要素を取り入れて、「限定感」「特別感」「行列感」を出す方法が効果的だ。

・限定感

「残り1個」「女性限定」「本日限り」などと限定されると、ユーザーは「今買わなくては」「今行動しなくては」という気持ちになる。

・特別感

「あなただけ」「今日だけ」「お得意さまだけ」などと特別扱いをすることによって、ユーザーに優越感を与える。

・行列感

行列に並びたがる人の心理を利用して、人気店であることを演出する。「ランキング1位」「販売個数1万個突破」などの表現が該当する。

## 限定感・特別感・行列感の例

### ◆限定感

・夏期限定！ 30%OFFで購入できるのは今だけ
・送料無料は明日まで！
・先着10名様限り！　至急お申込みください

### ◆特別感

・20歳の誕生日を迎えたあなたへ
・港区にお住いのみなさんへ朗報です！
・メルマガ読者様だけにとっておきのお知らせです

### ◆行列感

・JKの10人に8人が持っているという超人気アイテム
・今申し込めば本日発送可！　売り切れ必至
・お店はいつも長蛇の列！　ネットなら今だけ購入可能

SECTION 36

# 行動させるためのボタンの工夫

必読

## 売上アップに直結

Ｗｅｂライティングでユーザーに確実に行動させるためには、文章だけではなく、最後に押すべき「ボタン」を工夫することも重要だ。目立たないボタンは問題外。クリックできるかが曖昧で、わかりにくいボタンもＮＧ。他に、次の2点を改善しよう。

### ・ボタンのデザイン

「ボタンを大きくしただけでクリック率が上がった」「ボタンの色を変えただけで売上が上がった」ということはよくあることだ。ページ全体のデザインとのバランスを崩さないように注意しながら、ボタンを改善してみよう。

### ・ボタンの中のコピー

ボタンには、「どんな行動をして欲しいか」を具体的に書こう。「クリック」と書いてあるよりも「資料請求ご希望の方はクリック」と書いたほうがわかりやすい。ボタンの前後にテキストリンクを追加することも、クリック率向上のための工夫となる。

## ボタンを目立たせて行動させる!

行動させるボタンとは、「購入する」「問い合わせする」「資料請求する」など、クリックさせることが目的のボタン

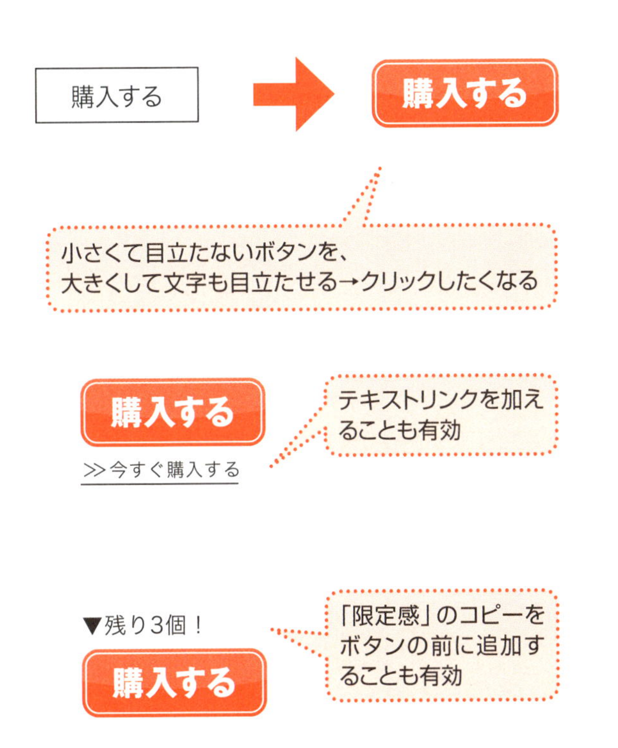

COLUMN

## キャッチコピーに敏感になる

Webコンテンツを制作する際に、「キャッチコピーを作る」というのは避けてとおれないことだ。本書では、キャッチコピーを考える際のヒントになる「7つのテクニック」(113ページ参照)を紹介したが、これらのテクニックを活用するだけでなく、常にキャッチコピーに敏感になっていただきたい。

例えば、電車の中吊りやポスターなどの広告。自分に刺さる言葉や、ターゲットに刺さりそうだと思う言葉はメモしておこう。雑誌も参考になる。ターゲットが好みそうな雑誌を、まずはパラパラとめくって、気になる言葉を書き出してみる。コピーをそのまま使うことはできないが、アレンジすればOK。例えば、「最新★男のスマホ事情」というコピーを参考にすれば、「最新★女のダイエット事情」「最強★女の口説き方」などに、アレンジできる。

# 7章

# 集客につながる文を書く

SECTION 37

# なぜ「集客につながる文を書く」ことが大切なのか？

プラスα

## 検索結果から出会いが生まれる

お店を選んだり、商品を選んだり、サービスを選んだりする際、最初にすることは何だろうか。それは「検索」だ。Ｇｏｏｇｌｅやｙａｈｏｏ！などの検索エンジンにキーワードを入力して、目的のＷｅｂサイトを検索する。

日本人のスマートフォン保有率は今や8割に到達する勢いだといわれ、また「ＡＩスピーカー」の登場なども後押しし、検索の機会は増えていく一方だ。

**検索され、検索結果が表示されるページで自社サイトが上位表示されることが、お客様との出会いにつながる。**

どんなに素晴らしいＷｅｂサイトが完成したとしても、集客できなければ宝の持ち腐れとなってしまう。どんなに素晴らしい商品やサービスを取り扱っていたとしても、人に見てもらう機会がなければ売上にはつながらない。

**集客こそ、Ｗｅｂサイト運営の第一歩といえる。**

## 検索結果が出会いにつながる

インターネットユーザーの多くは、
検索エンジン経由でWebサイトにやってくる！

SECTION 38

# Google検索で1位になる意味を知る

プラスα

## SEOの基本

SEO（Search Engine Optimization）を日本語に訳すと、「検索エンジン最適化」だ。検索されたときに、**自分のWebサイトをできるだけ上位表示させるように対策することを、SEOと呼ぶ**。SEOのメリットは、「新しいお客様との出会い」が生まれることだ。広告でも集客はできるが、SEOは無料でできる集客術である。

検索ユーザーは、困りごとがある、見つけたいものがある、など目的意識が明確なので、**コンバージョンにつながりやすい**。検索ユーザーの検索意図に合致するページを用意して、**集客からコンバージョンまで意識したSEO**を実施しよう。

SEOの目的は、集客することがメインである。ただし、ユーザーがWebサイトに訪問しても何もしないで離脱してしまっては意味がない。ページの情報をしっかりと読んでもらい、購入、資料請求、問い合わせなどのコンバージョンにつながるところまで考えてSEOに取り組もう。

## SEOは無料でできる集客術

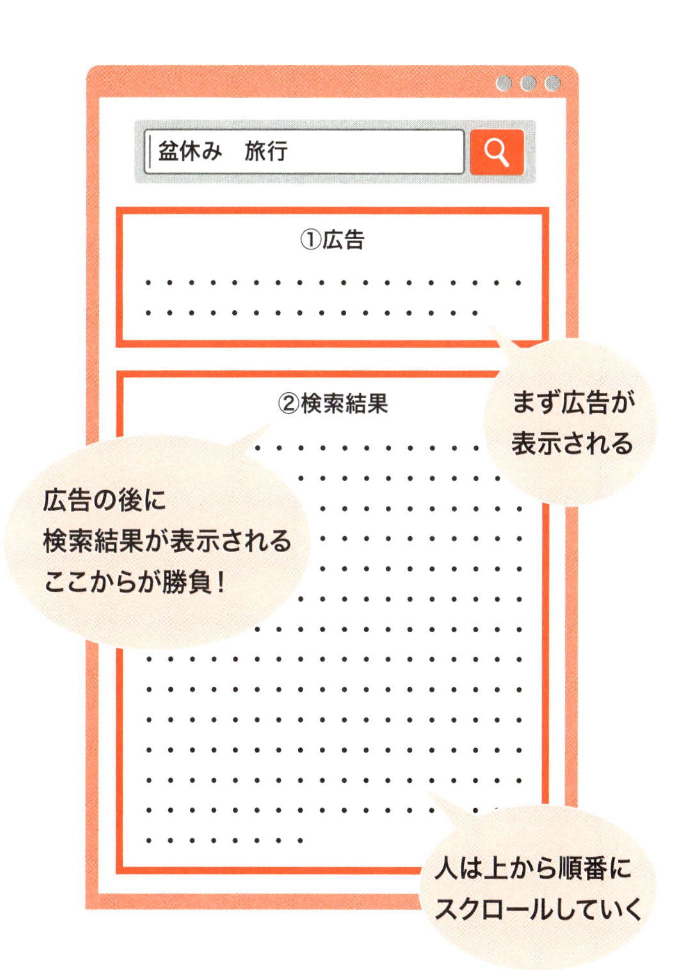

## Ｇｏｏｇｌｅの基本方針

本書では、ＳＥＯの目標をＧｏｏｇｌｅ検索で上位表示を目指すこととする。検索エンジンとしてのシェアが高いのがＧｏｏｇｌｅだからだ。そのために知っておきたいのが、ＳＥＯに関するＧｏｏｇｌｅの基本方針だ。

簡単にいうと「コンテンツ重視で順位を決める」というのが、Ｇｏｏｇｌｅの考え方だ。Ｇｏｏｇｌｅは「オリジナルで有用なコンテンツを持つ高品質なサイトが、より上位に表示されるようになります」と公表している。そのため、オリジナルなコンテンツで、かつ検索してたどり着いた人にとって「役立つコンテンツかどうか」を基準にしてコンテンツを作っていく必要がある。

Ｇｏｏｇｌｅの基本方針を知るためには、Ｇｏｏｇｌｅが発表している情報を確認することが重要だ。「Ｇｏｏｇｌｅウェブマスター向け公式ブログ」や「検索エンジン最適化（ＳＥＯ）スターターガイド」などが参考になる。ＳＥＯに関する情報は更新されていくので、常に最新情報をキャッチする努力も必要だ。

## Googleの基本方針

Google ウェブマスター向け公式ブログ

Google フレンドリーなサイト制作・運営に関するウェブマスター向け公式情報

Chrome のセキュリティにとって大きな一歩: HTTP ページに「保護されていません」と表示されるようになります

2018年7月27日金曜日

Google では、Chrome を最初にリリースした時から、セキュリティを Chrome の基本原則の 1 つと考え、ウェブを閲覧するユーザーの安全を守る（英語）ために常に取り組んできました。Chrome で HTTPS によって暗号化されていないサイトに「保護されていません」と表示し、最終的にはすべての非暗号化サイトにこの警告を表示すると発表（英語）したのは、およそ

このブログを検索 ...

ラベル

アーカイブ

Feed

Google on

Google Webmasters

●Google ウェブマスター向け公式ブログ
https://webmaster-ja.googleblog.com/

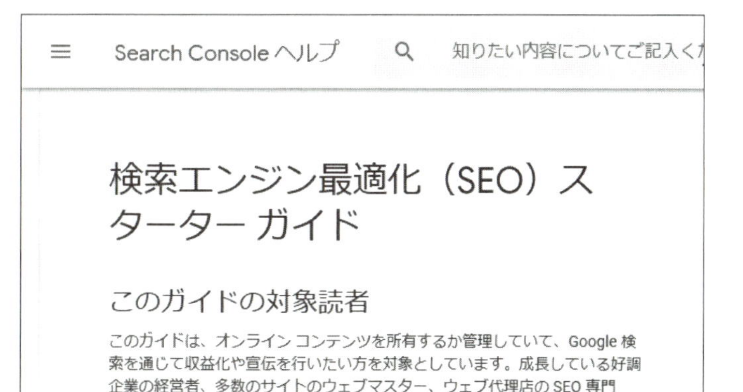


●検索エンジン最適化（SEO）スターター ガイド
https://support.google.com/webmasters/answer/7451184?hl=ja

## 競合サイトの研究

Ｇｏｏｇｌｅの検索結果として自社サイトを上位表示させるためには、競合サイトの研究も欠かせない。ＳＥＯの競合サイトとは、**目指す検索キーワードで、すでに上位表示されているＷｅｂサイト**のことを指す。

調べ方は簡単だ。例えば、「コンタクトレンズ　通販」と検索されたときに自社サイトを上位表示させたいと考えている場合は、「コンタクトレンズ　通販」と検索する。どんなＷｅｂサイトが上位に表示されるかを確認しよう。

競合サイトに大手企業や有名サイトが並んでいれば、それらと競わなければいけないということになる。つまり、「ＳＥＯの難度が高い」と推測できる。

ＳＥＯは相対評価だ。**上位に並んでいるＷｅｂサイトよりも上位に自社サイトを押し上げられるかどうか**を考え、上位表示が狙えるキーワードを探し出そう。主なチェック項目３つを左ページの図で示しているので参考にして欲しい。

## 競合サイトを研究する3つのチェックポイント

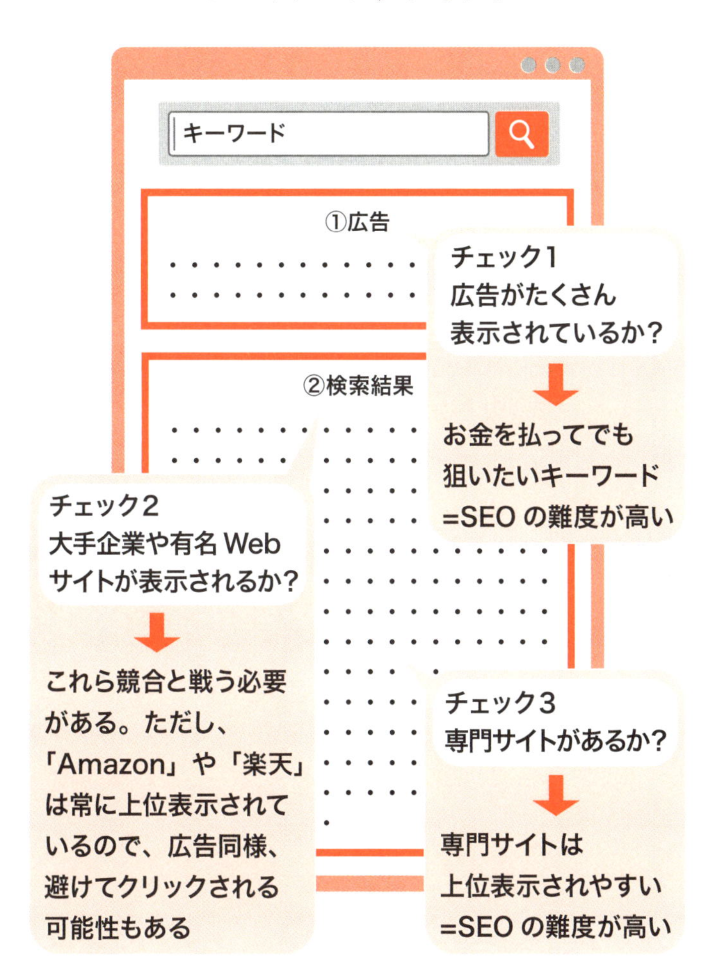

SECTION 39

# 検索されるキーワードを抽出する

プラスα

## キーワードを選ぶ

**SEOの第一歩は「キーワード」の抽出**だ。キーワードとはお客様がＧｏｏｇｌｅやＹａｈｏｏ！などの検索エンジンを使って検索する際、入力する言葉のことだ。

例えば、カフェを探している人は、「カフェ　宇都宮」「カフェ　おしゃれ」など、目的にあわせてワードを選ぶだろう。カフェの求人を探しているなら「カフェ　求人」「カフェ　宇都宮　求人」と入力するかもしれない。同じ「カフェ」というワードでも、**目的によってキーワードは変化する**のだ。

そこで重要なのが、ターゲットを具体的にイメージすることだ。「お店に来て欲しいのはどんな人か？」「サービスを使って欲しいのはどんな人か？」そこをハッキリさせてからキーワードを選べば、出会いたいお客様が入力するキーワードが探し出しやすくなる。**候補になりそうなキーワードをできるだけ多くピックアップ**しよう。その上で重要なキーワードを絞り込んでいこう。

## ツールいらずの「キーワード選定」3ステップ

適切なキーワードを抽出するには、ツールを使うことが必要。しかしツールを使う前に、「自分の頭で考える」ことも大切だ。次の 3 ステップから始めてみよう。



### （1）ターゲットを具体的にイメージする

ターゲット（お客様）は「男性か女性か？」「年齢は？」「住まいは？」など、なるべく具体的にイメージすることが大切。70 ページで紹介したペルソナシートを作ってみるのもおすすめだ

### （2）一人で決めない、みんなで話し合おう

一人だけでキーワードを考えていると、思考が偏ってしまうことがある。社員やスタッフなど、数名でディスカッションすることで、思ってもいないキーワードが浮かぶだろう

### （3）ターゲット（お客様）に聞いてみる

直接お客様と話せるチャンスがあるなら、「どんなキーワードでうちを見つけてくれましたか？」とストレートに聞いてみるのもよい。リアルな回答なので、役立つこと間違いなしだ

## Ｇｏｏｇｌｅオートコンプリートを参考にする

たくさんのキーワードを洗い出す際に参考になるのが、**Ｇｏｏｇｌｅオートコンプリート**（以前の名称はＧｏｏｇｌｅサジェスト）だ。Ｇｏｏｇｌｅオートコンプリートは、Ｇｏｏｇｌｅの検索窓にキーワードを入れたとき、それに関するワードの候補が表示される機能のことだ。例えば検索窓に「コンタクトレンズ」と入力すると、「初めて」「おすすめ」「通販」などの言葉が表示される（左ページの図参照）。

Ｇｏｏｇｌｅオートコンプリートの表示ルール（アルゴリズム）についてＧｏｏｇｌｅは公開していない。しかし、ユーザーの過去の検索履歴や、多くのユーザーが検索するキーワード、旬なキーワード、ユーザーの位置情報などが関連するといわれている。つまり、メインのキーワードとプラスして、お客様がどんなワードを検索するかがわかるということだ。

Ｇｏｏｇｌｅオートコンプリートのキーワードを調べるツールはインターネット上に複数あるので利用してみよう。代表的なツールを左ページに掲載する。**たくさんのキーワードを洗い出し、自社にとって適しているキーワードを選別しよう。**

# Googleオートコンプリートでキーワード候補をチェック

◆Googleオートコンプリートの例

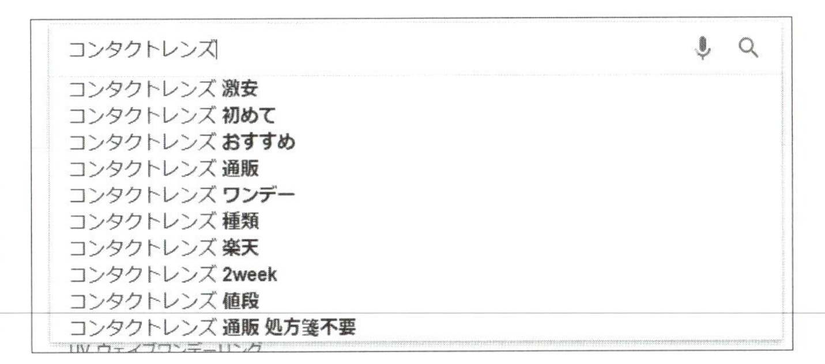


◆Googleオートコンプリートを一括表示するツールもある

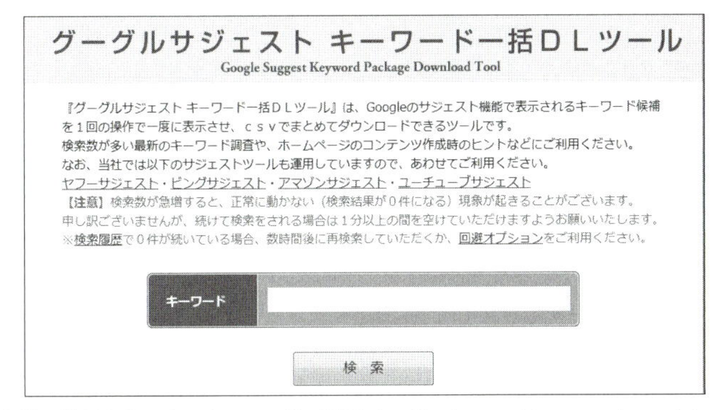


●グーグルサジェスト　キーワード一括DLツール　https://www.gskw.net/
検索窓にキーワードを入れ「検索」を押すだけ。検索後、「CSV取得」のボタンを押せば、CSV保存もできる

7章 集客につながる文を書く

## 検索需要とコンバージョンで見極める

たくさんのキーワードを洗い出したら、**自社にとって重要なキーワード**を選んでいかなければならない。キーワードに優先順位を付けるには、2つの観点が必要だ。

1つ目の観点は、検索需要だ。そのキーワードで検索している人がどれくらいいるのかを調べて、需要があるかどうかを見極めよう。キーワードの需要を調べるツールが、「Google広告 キーワードプランナー」だ。これを使えば、そのキーワードが月間で何回検索されたか（月間平均検索ボリューム）を調べることができる。この数字が多ければ多いほど、**「検索需要の高いキーワード」**だと判断できるのだ。

2つ目の観点は、コンバージョンにつながるキーワードかどうかの見極めだ。例えば「コンタクトレンズ　激安」というキーワードの需要が高かったとしても、自社で価格の安いコンタクトレンズを扱っていなければ、対策してもコンバージョンにはつながらない。**自社にとって、「コンバージョン（売上など）につながるキーワードはどれか」を、選別していくことが重要なのだ。**

## Google広告キーワードプランナーの使い方

●Google広告キーワードプランナー
https://ads.google.com/home/tools/keyword-planner/
※注意　サポートされているブラウザでのみ使用可能
https://support.google.com/google-ads/answer/1704376

❶「新しいキーワードを見つける」をクリック

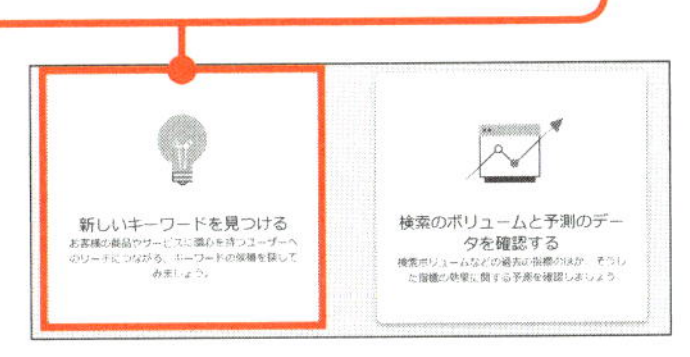


❷ 検索窓にキーワードを入れ、「結果を表示」をクリック

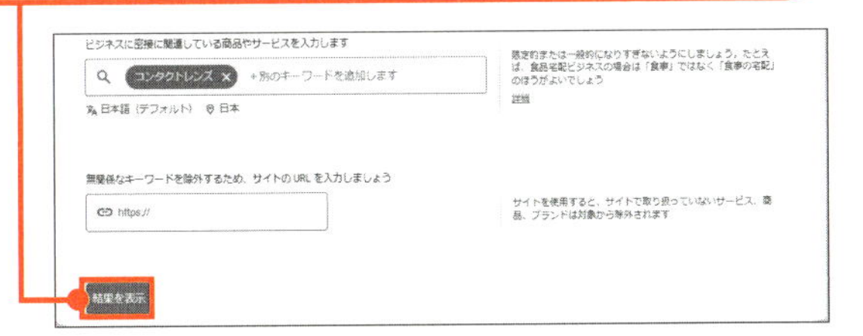


❸「月間平均検索ボリューム」が表示される

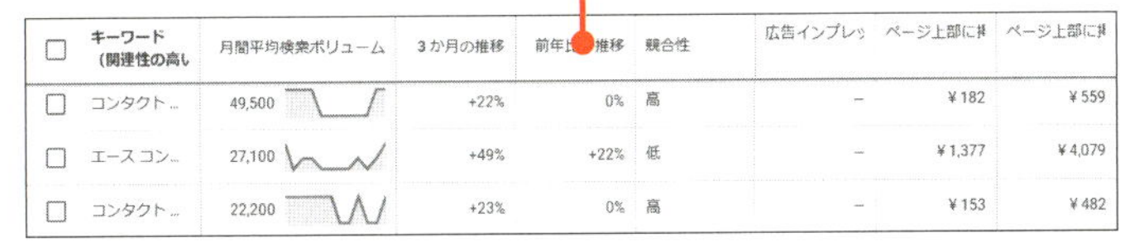

| | キーワード（関連性の高い | 月間平均検索ボリューム | 3 か月の推移 | 前年比の推移 | 競合性 | 広告インプレッ | ページ上部に掲 | ページ上部に掲 |
|---|---|---|---|---|---|---|---|---|
| ☐ | コンタクト... | 49,500 | +22% | 0% | 高 | – | ¥182 | ¥559 |
| ☐ | エース コン... | 27,100 | +49% | +22% | 低 | – | ¥1,377 | ¥4,079 |
| ☐ | コンタクト... | 22,200 | +23% | 0% | 高 | – | ¥153 | ¥482 |

※Google広告を無料で利用している場合、月間平均検索ボリュームは、「10万～100万」のように、概算で表示される

SECTION 40

# 1ページ＝1テーマで書く

プラスα

## 記事のテーマを明確に

キーワードを考慮して原稿を書く場合、**「1ページ＝1テーマ」で書く**ことを意識しよう。例えば「コンタクトレンズ　選び方」というキーワードで上位表示を狙いたい場合は、「コンタクトレンズの選び方」をテーマにして、**テーマに関することだけを記事にまとめなければならない**。テーマから外れて、メガネや視力の話などに脱線していかないように注意しよう。ページごとの専門性を高めることが大事だ。

また、記事の内容を詳しく、深く書く努力をしよう。**何文字以上と決める必要はないが、テーマに対してお客様が知りたい内容を網羅できるように**執筆したい。

お客様に満足してもらうためには、どこでも読めるような内容ではなく、オリジナルな視点を持って、**自分にしか書けないもの**を考えることが重要だ。自分の経験、自社の担当社員や専門家への取材を行って書く記事は、**他では読めない独自性の高い記事**であるといえる。

## 記事のテーマを明確に

1ページ＝1テーマで書く

「メガネのメリット」は「コンタクトレンズの選び方」というテーマから外れている。「メガネのメリット」を書きたい場合は、別ページへ

## 原稿執筆の注意点

1ページ＝1テーマで専門性の高い記事を書く場合、ボリュームが多くなる傾向にある。長い文章の場合、最後まで読ませることが難しいので、**大見出し、中見出し、小見出しなどの見出しをうまく活用しよう**。

第5章「伝わりやすい文を書く」で説明した「序論・本論・結論」の構成（82ページ）を使って説明すると左ページの図のような構成になる。

この場合、「コンタクトレンズの選び方」が大見出し。このテーマから外れないように、一貫した文章を組み立てていくことがポイントだ。本論に該当する「コンタクトレンズの種類」「コンタクトレンズ選びのポイント」「コンタクトレンズ選びのありがちな失敗」や結論には小見出しを利用しよう。見出しを使うことによって、文章全体にメリハリが出て読みやすいレイアウトになる。

見出しが決まれば、各パラグラフの内容がテーマとずれてしまう心配はない。「1ページ＝1テーマ」で、原稿を執筆することができるだろう。

もちろん本論の見出しを、3つに決める必要はない。5つ・6つ・7つと増やせば、よりコンテンツの内容が充実する。

## 原稿執筆の注意点

| | 見出し | 本文 | 内容 |
|---|---|---|---|
| 序論 | タイトル（大見出し） | ○○○○○○○○○○○<br>○○○○○○○○ | コンタクトレンズの選び方 |
| 本論（1） | 小見出し（1） | ○○○○○○○○○○○<br>○○○○○○○○<br>○○○○○○○○○○○ | コンタクトレンズの種類 |
| 本論（2） | 小見出し（2） | ○○○○○○○○○○○<br>○○○○○○○○<br>○○○○○○○○○○○ | コンタクトレンズ選びのポイント |
| 本論（3） | 小見出し（3） | ○○○○○○○○○○○<br>○○○○○○○○<br>○○○○○○○○○○○ | コンタクトレンズ選びのありがちな失敗 |
| 結論 | 小見出し（まとめ） | ○○○○○○○○○○○<br>○○○○○○○○ | コンタクトレンズの選び方（まとめ） |

SECTION 41

# SEOに効果的な3大タグを使う

プラスα

## タイトルタグ・ディスプリクションタグ・h1タグ

ＳＥＯを行うためには、タグの書き方にも注意したい。タグとは、Ｗｅｂページを構築するＨＴＭＬソースに書かれている命令のことだ。Ｗｅｂページに画像を入れたい場合、〈img〉というイメージタグを入れるなど、Ｗｅｂページの表現を定義する役割がある。Ｇｏｏｇｌｅなどの検索エンジンは、Ｗｅｂページのタグ情報を読み取って、順位付けに利用している。**タグにキーワードを書き込むことによって、検索エンジンに対してページの情報を伝えることができるのだ**。

ＳＥＯ的に重要なタグとして、３大タグを覚えておこう。**「タイトルタグ」「ディスプリクションタグ」「h1（エイチワン）タグ」**の３つだ。

「タイトルタグ」と「ディスプリクションタグ」は、検索エンジンの検索結果のページにも表示される。「ｈ１タグ」は、ページごとの大見出しを示すタグである。

# 3大タグとは

## タグとは？

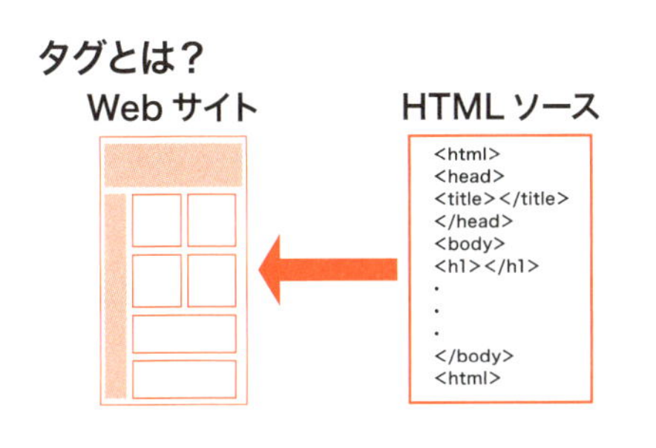


Webページの元になっているHTMLソースに書かれているひとつひとつの命令のこと

## タイトルタグとディスプリクションタグ

Google　DIY 通販

●「DIY　通販」で検索した際に表示されるページ

ディスクリプションタグ

カインズオンラインショップ <DIY> 通販のコーナーですホームセンタ...
www.cainz.com/shop/pages/diy.aspx ▼
DIYをこれから始める方も・すでに精通している方もカインズの通販サイトでぜひお買い求めください。オリジナル商品を開発中！ホームセンターカインズの公式通販・オンラインショップです。5000円以上のお買い上げで送料無料。アイデア商品満載の豊富な品 ...
Kumimoku · Labrico(ラブリコ) labrico ... · 作業工具・作業用品・作業収納 · ディアウォール

DIY用品の通販 DIY FACTORY オンラインショップ
www.diy-tool.com/fs/diy/c/gr2887 ▼
DIYの通信販売ページです。多くの種類を取り扱っており、人気の売れ筋順で掲載しています。 またおすすめ順、価格の安い順、カテゴリ人気No.1、在庫品、送料無料など、さまざまな方法で商品の比較ができます。

DIYをはじめるならDIY FACTORY オンラインショップ
www.diy-tool.com/ ▼
体験型DIYショップDIY FACTORYの通販サイトです。95万点以上の作業道具や電動工具、ガーデニング用品など日本最大級の品揃えでDIY道具を取扱っています。10000円以上のお買い上げで送料無料。

## 3大タグ書き方のポイント

3大タグの中でもっとも重要なのが、タイトルタグだ。検索エンジンのクローラーというロボット（プログラム）は、タイトルタグの中にどんな言葉が書かれているかを取得していく。

例えばタイトルタグに「コンタクトレンズ　通販」という言葉を入れておけば、検索エンジンのロボットは、「このページは、コンタクトレンズ　通販というキーワードについて書かれているページである」と認識するのだ。

タイトルタグの次に重要なのがディスクリプションタグ、次にh1タグと覚えておこう。

それぞれのタグの書き方については左ページにまとめておくが、重要なのは、3大タグのすべてにキーワードを書き込んでおくということだ。

Webページでは、ページごとに対策するキーワードが異なるのが一般的だ。つまり3大タグは、すべてのページでそれぞれ設定する必要があるということになる。

## 3大タグ書き方のポイント

### 3大タグ、書き方のルール

タイトルタグ

・目標のキーワードを必ず入れる
・ページの内容にあったタイトルを付ける
・他のページとは違うものにする
・30文字以内に設定する
・目標キーワードは、前方に入れる



ディスクリプションタグ

・目標のキーワードを必ず入れる
・ページの内容にあったディスクリプションにする
・他のページとは違うものにする
・120文字を目安に設定する
・単語の羅列ではなくわかりやすい文章にする

h1タグ（見出しタグ）

・目標のキーワードを必ず入れる
・ページの内容にあった見出しを書く
・h1タグは各ページに1つのみとする

SECTION 42

プラスα

# 重複コンテンツを作らない

## ペナルティを受けないために

ＳＥＯは成果が出るまでに時間がかかるものである。役立つコンテンツを作ってＷｅｂサイトにアップしても、すぐに検索順位が上がってこないケースも多い。継続的に高品質でオリジナルなコンテンツを作っていくことは労力のかかる作業である。

注意して欲しいのは、重複コンテンツである。重複コンテンツとは、内容が同じ、または似通った内容が多いコンテンツ（ページ）のことだ。**重複コンテンツは低品質なコンテンツとみられ、ペナルティを受ける危険性**がある。ペナルティを受けると、順位が大幅に下がってしまうなどの不利益を被ることもある。

２０１６年には、ある企業が「ＳＥＯのためにコンテンツを増やす」という目的で、著作権を無視したコピーコンテンツなどを大量にアップし社会的問題にまで発展したこともある。

## ペナルティを受けないために

### 重複コンテンツがないかチェックしてみよう

◆原稿の一部分を検索する方法

似たような文章が他にもあるかもしれない…と思ったら、その文章の一部分をコピーして「検索窓」に入れて、検索してみるとよい。検索結果としてまったく同じ文章や似通った文章があれば重複コンテンツの可能性がある

◆「コピペルナー」というツールを利用する方法

http://www.ank.co.jp/works/products/copypelna/
コピペ判定支援ソフトとして開発されたツール。学生のレポートや論文チェックに使われたり、出版社での原稿チェックなどにも使われたりしている

◆無料のコピペチェックツールを利用する方法

有料のコピペルナーに対し、無料で使えるチェックツールもたくさんある。精度や利用しやすさなどでは、有料のものに劣るかもしれないが、利用してみるのもひとつの方法だろう。「コピー判定ツール」などと検索すると、探すことができる

COLUMN

## 検索順位を調べるツール

SEOを実施したら、「自分が対策したページは何位になったか？」が気になるだろう。キーワードを検索窓に入力して確認してもよいが、注意が必要だ。なぜならGoogleの検索結果は、ユーザーごとにカスタマイズされており、これまでその人が検索したキーワードなどが影響してくるからだ。つまり、よく見るページや自社のページが上位に表示されやすくなる。これを、「パーソナライズド検索」と呼ぶ。

それを避けるためには検索順位を調べるツールを利用するのが手軽である。「SEOチェキ」や「GRC」「検索順位チェッカー」など、さまざまなツールがあるので、利用してはいかがだろうか。

# 8章

# 効率的に速く書く

SECTION 43

プラスα

# なぜ「効率的に速く書く」ことが大切なのか?

## 品質アップを目指すために

第8章で伝えたいのは、ただ単に「速く書くこと」ではなく「効率的に速く書くこと」の大切さである。

例えば、いくら料理のスピードが速くても、最後にキッチンがぐちゃぐちゃでは、トータルで考えると効率が悪い。効率的に速く料理ができる人は、買い物から料理、後片付けまで段取りがよい。結果として、おいしくでき上がる可能性も高い。つまり「効率的に速く」ということは、**スピードと品質の両方を引き上げる**ということだ。

速く書くためには、書き始める前の準備が重要だ。プロのライターは、パソコンに向かって文章を入力する段階までに、**8割の仕事を終えている**といわれる。

品質を上げるためには、ツールの活用も欠かせない。誤字脱字のような単純ミスは、根性でがんばったからといってなくなるものではない。誤字脱字が含まれてしまうことを前提に、それをなくす対策をすることが賢明だ。

効率的に速く=品質アップ!
料理を効率よく速くできれば、
食卓が楽しく!
速くても品質が
悪ければNG

SECTION 44

# 準備8割を徹底する

プラスα

## 構成を決めることでブレない

文章を書くときは基本的に「**準備8割・執筆1割・校正1割**」と考えるとよい。準備8割の中で行っておくべきことは、次の4つだ。

（1）**ターゲットを決める**「誰に向けて書くのか？」
（2）**目的を決める**「ゴールは何か？」
（3）**情報収集する**「ターゲットがゴールに向かうために必要な情報を集める」
（4）**構成を決める**「どんな順番で書き進めるかを決定する」

ターゲットと目的を決める点については、クライアントが決めていることも多い。ライターの立場であれば、執筆前に確認しておくことが重要だ。

この4つの準備をしてから書き始めると、驚くほど筆が進むようになるだろう。特に構成がしっかりと定まっていれば、書いている途中で迷っても、そこに立ち返ればよい。ブレることなく、最後まで効率的に書き進めることができる。

## 準備8割でするべきこととは？

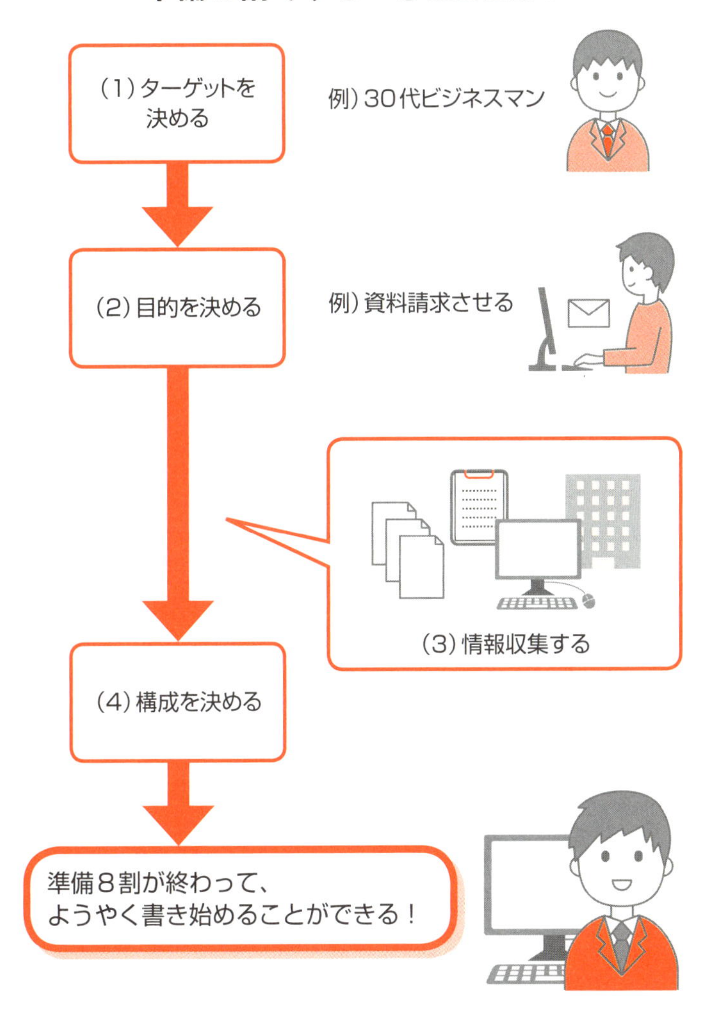

SECTION 45

プラスα

# 音声入力・単語登録でスピードアップ

## 便利なツールはどんどん使おう

ブラインドタッチが苦手な人、長時間のライティング作業で目や腕が疲れてしまいがちな人におすすめの便利なツールが「音声入力」だ。
文章を読み上げるだけでテキスト化してくれる。もちろん完璧にテキスト化できるわけではないが、かなり精度が上がっている。一度試してみてもよいだろう。
もうひとつ知っておくとよいのが「単語登録」という機能だ。よく使う単語を登録しておけば、最初の数文字を入力するだけで、目的の単語が候補として表示されるという仕組みだ。間違えやすい専門用語や、絶対に間違えてはいけない企業名や製品名を入れておこう。スピードアップできるだけではなく、正確な入力にもつながる。
世の中には、「効率的に速く書く」のに役立つ、さまざまな便利ツールが次々に誕生している。ぜひ使ってみてはいかがだろうか。

# 便利なツールを活用しよう

## ◆「Google音声入力」の使用手順

＜準備＞

・Googleアカウントの作成
・Google Chromeのインストール

＜手順＞

1. Googleドキュメントを立ち上げ、「新しいドキュメント作成」をクリック
2. 上部「ツール」ボタンをクリックし「音声入力」を選択
3. 左上の「マイク」をクリックして話す

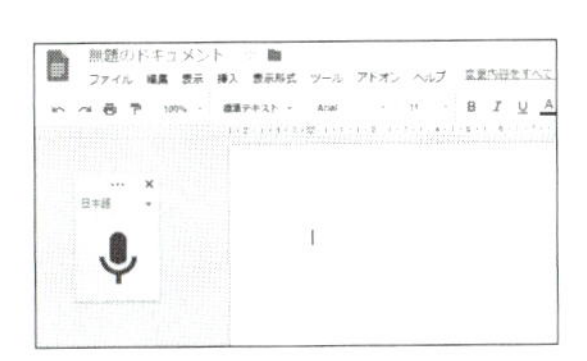



## ◆ Windows（日本語IME）における「単語登録」の手順

1. 言語バーの「ツール」から「単語の登録」を選択
2. 表示させたい言葉を「単語」の欄に、読み方を「よみ」の欄に入力
3. 適宜「品詞」を選んで、「登録」をクリック

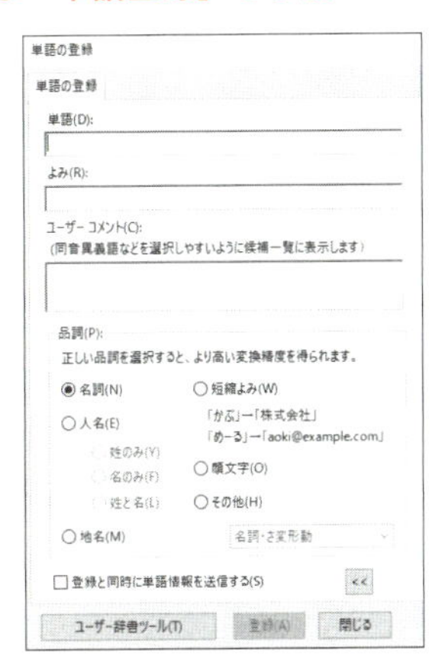

SECTION 46

# プロ意識を持つ

プラスα

## 時給意識を持つことも必要

準備8割で挑んでも、最初のうちは書いた文章を読み直すたびに修正したくなるかもしれない。なぜなら文章は見直そうと思うと切りがなく、いくらでも時間をかけて推敲できるからだ。

しかし、本当にそれでよいのだろうか？　同じ文章を1時間で書き上げる人がいるのに、自分は5時間かかるとしたら、それは非常に効率が悪い。**「時給意識」を持って書く**という心構えも必要だ。

そのためには、ライティングもタイムマネジメントすることが大切だ。「いつまでに仕上げる」のかを決め、それにあわせて準備に3時間、執筆に30分、校正に30分などあらかじめ設定してから臨むとよい。アラームを使ってもよいだろう。

続けようと思えばいくらでも続けられる作業だからこそ、「時給意識」を持って書くという姿勢が必要だ。

## ライティングもタイムマネジメント

ある、ライティングの仕事を 5千円で引き受けたとする。それを 1時間で仕上げれば時給 5千円、5時間かかれば時給千円となる

スケジュールを立てる（例）

・ターゲット決め　20分
・目的決め　20分
・情報収集　1時間
・構成　2時間
・執筆　30分
・校正　30分

## COLUMN

# 量稽古で腕を磨く

量稽古とは、同じことを繰り返し行うことで上達するという練習方法だ。

業務で量稽古を重ねられる環境にあれば、それにこしたことはない。しかしそういう環境にない場合、自分自身にその場を与えてみてはいかがだろうか。例えば「ブログ」だ。見てくれる人がいることは励みになる。

その際注意したいのは、「ターゲット」と「目的」を決めることだ。ブログの記事ごとに「誰に対して」「何のために」書くのかを考えよう。

目的を達成するには、「どんな情報」を書くのかしっかり伝えるよう、「どんな構成」で書くのかまで決めてからライティングに入る。152ページの"準備8割を徹底する"クセを付けることも、量稽古の目的にしよう。

福田多美子（ふくだたみこ）
株式会社グリーゼ（https://gliese.co.jp/）　取締役　福田多美子（ふくだたみこ）
・セールスフォース・ドットコム認定Pardotコンサルタント（Pardot Consultant）
・Marketo認定エキスパート（MCE）
・全日本SEO協会の認定SEOコンサルタント
・大手前大学通信教育部「Webライティング」講座講師
【経歴】
群馬県出身、東京都在住。富士通系子会社にてテクニカルライターとして金融系、流通系ソフトウェアのマニュアル開発に従事。フリーランスのライターを経て2004年に株式会社グリーゼに入社。企業向けコンテンツマーケティング及びコンテンツ制作などの支援を実施。デジタルハリウッドや全国の商工会議所等にて「コンテンツマーケティング」に関する研修を多数担当。SEOやWebライティングに関する著書3冊がある。

坂田美知子（さかたみちこ）
株式会社グリーゼ（https://gliese.co.jp/）　ディレクター／ライター
【経歴】
京都府出身、京都府在住。阪急百貨店勤務後、株式会社グリーゼのディレクター／ライターとして、企業のWebコンテンツの企画／設計／制作を多数担当している。「人を動かすコンテンツ」をモットーに、ペルソナの設計を重視し、ユーザー目線のコンテンツ制作が得意。

株式会社グリーゼ
2000年創業。コンテンツマーケティングの戦略立案から、コンテンツの制作、分析までをトータルでサポートする。マーケティングオートメーション（MA）に精通したスタッフと、専門知識を持つ300名以上のライターをネットワークしている。

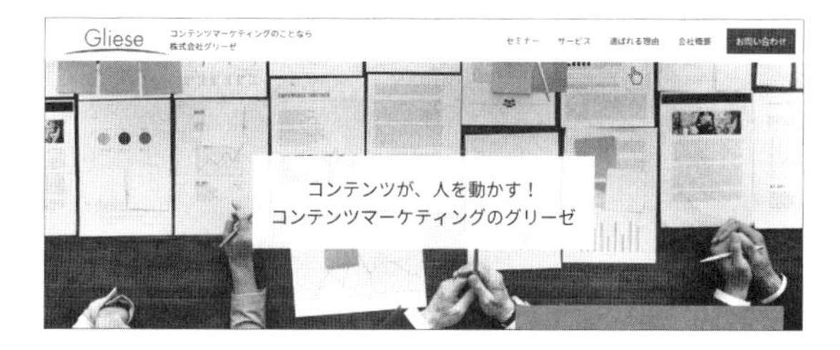

## お問い合わせについて

本書に関するご質問については、本書に記載されている内容に関するもののみとさせていただきます。本書の内容と関係のないご質問につきましては、一切お答えできませんので、あらかじめご了承ください。また、電話でのご質問は受け付けておりませんので、必ずFAXか書面にて下記までお送りください。

なお、ご質問の際には、必ず以下の項目を明記していただきますようお願いいたします。

1 お名前
2 返信先の住所またはFAX番号
3 書名
　スピードマスター　1時間でわかる
　Webライティング
4 本書の該当ページ
5 ご使用のOSとソフトウェアのバージョン
6 ご質問内容

なお、お送りいただいたご質問には、できる限り迅速にお答えできるよう努力いたしておりますが、場合によってはお答えするまでに時間がかかることがあります。また、回答の期日をご指定なさっても、ご希望にお応えできるとは限りません。あらかじめご了承くださいますよう、お願いいたします。ご質問の際に記載いただきました個人情報は、回答後速やかに破棄させていただきます。

## 問い合わせ先

〒162-0846
東京都新宿区市谷左内町21-13
株式会社技術評論社　書籍編集部
「スピードマスター 1時間でわかる
Webライティング」質問係
FAX：03-3513-6167
URL：https://book.gihyo.jp/116

■ お問い合わせの例

**FAX**

1 **お名前**
　技術　太郎
2 **返信先の住所またはFAX番号**
　03-XXXX-XXXX
3 **書名**
　スピードマスター 1時間でわかる
　Webライティング
4 **本書の該当ページ**
　155ページ
5 **ご使用のOSとソフトウェアのバージョン**
　Windows 10
6 **ご質問内容**
　「単語登録」が表示されない

# スピードマスター　1時間(じかん)でわかる Web(ウェブ)ライティング

2018年12月14日　初版　第1刷発行
2022年　7月14日　初版　第2刷発行

著　者●ふくだたみこ、さかたみちこ（株式会社グリーゼ）
発行者●片岡　巌
発行所●株式会社　技術評論社
　　　　東京都新宿区市谷左内町21-13
　　　　電話　03-3513-6150　販売促進部
　　　　　　　03-3513-6160　書籍編集部
編集●土井清志
装丁／本文デザイン●クオルデザイン　坂本真一郎
カバーイラスト●タカハラユウスケ
DTP●リンクアップ
本文イラスト●リンクアップ
製本／印刷●株式会社　加藤文明社

定価はカバーに表示してあります。



ISBN978-4-297-10253-1　C3055
Printed in Japan